탄소라는 세계

CARBON

Copyright ⓒ 2025 by Paul Hawken
All rights reserved including the right of reproduction in whole or in part in any form.

Korean translation copyright ⓒ 2025 by Woongjin Think Big Co., Ltd.
This edition published by arrangement with Viking, an imprint of Penguin Publishing Group, a division of Penguin Random House LLC through Alex Lee Agency.

이 책의 한국어판 저작권은 알렉스리 에이전시 ALA를 통해서
Viking, an imprint of Penguin Publishing Group, a division of Penguin Random House LLC 사와의 독점 계약으로 (주)웅진씽크빅이 소유합니다.
저작권법에 의해 한국 내에서 보호를 받는 저작물이므로 무단 전제와 복제를 금합니다.

Carbon
The Book of Life

탄소라는 세계

생명의 번영과 죽음, 그리고 재생까지
지구상 가장 다재다능한 원소를 만나다

폴 호컨 지음 | 이한음 옮김

웅진 지식하우스

〔 일러두기 〕

- 이 책은 국립국어원 표준국어대사전의 표기법을 따랐다. 다만 일부 용어의 경우 통상의 발음을 따랐다.
- 독자의 이해를 돕기 위한 옮긴이 주는 ●으로 표시하고 각주에서 기술했다.
- 본문 중 주요 용어와 학자명은 첨자로 원어를 병기했으며, 학명은 원어를 이탤릭체로 병기했다.
- 국내 번역 출간된 도서는 한국어판 제목을 표기했으며, 미출간 도서는 원어를 병기했다.

이 책이 쓰인 땅의 전통적인 수호자들에게
겸허한 마음으로 이 책을 바친다.
우리 집안은 일곱 대에 걸쳐 동물과 식물,
그리고 해안 미워크족의 삶의 방식으로부터
혜택을 누리며 성장해왔다.
그들이 바다, 강, 숲, 초원과 맺은 관계는
내게 끊임없는 배움의 원천이 되었다.
과거, 현재, 그리고 미래의 현인들에게 존경을 표한다.

또 한결같은 사랑과 다정함과 지지와 영감을 내게 보내준
재스민 스케일시아니 호컨에게도 이 책을 바친다.

추천의 말

 탄소는 익숙하면서도 낯선 존재다. 폴 호컨은 탄소를 우리 삶의 중심으로 끌어들인다. 흔히 기후위기의 주범으로 지목받는 탄소가 실은 나무의 숨결이자 동물의 혈맥이며 호르몬과 잎사귀, 벌과 균류를 잇는 생명의 본질임을 조용히 상기시킨다. 탄소를 적으로 보지 말라고 한다. 진짜 문제는 탄소가 아니라 우리 사고방식이라는 통찰이 놀랍다.
 『탄소라는 세계』는 탄소에 대한 우리의 시각을 넓힘으로써 기후문제를 넘어 회복과 재생, 상호연결의 세계로 나아가야 함을 설득력 있게 제시한다. 호컨이 들려주는 생명의 흐름은 단지 과학적 설명이 아니라 우리의 감각을 일깨우는 시적 초대다. 이 책을 읽는 동안 자연과 인간 사이의 경계는 사라지고 우리 모두가 함께 숨 쉬는 존재라는 사실을 깊이 깨닫게 되었다. 절망 속에서 희망을 찾고 싶은 이들에게 이 책은 따뜻한 울림이자 낯선 통찰의 여정이 될 것이다.
— 이정모, 전 국립과천과학관장, 『찬란한 멸종』 저자

 탄소를 묘사할 때는 불에 탄 잿더미나 연기의 그을음을 보여주면서 무엇인가를 파괴하는 연출을 할 때가 많다. 그러나 탄소는 생명의 근원이자 문명의 핵심 물질이다. 탄소는 생명체의 가장

중요한 주재료이고 대체 물질을 찾을 수 없을 정도로 독특한 물질이다. 그렇기에 이산화탄소가 일으키는 기후변화에 우리가 괴로워하는 이유도 따지고 보면 탄소가 이렇게 널리 퍼져있으며 꼭 필요한 물질이라는 사실과 밀접하게 연결되어 있다.

이 책은 자연의 그 밀접한 연결을 다름 아닌 탄소를 둘러싼 이야기들을 통해 보여주는 책이다. 탄소를 주제로 이야기를 시작하면서 우주의 탄생과 입자물리학에 얽힌 이야기를 꺼내는가 하면, 탄소가 만들어내는 수많은 자연의 화학 반응과 그 결과로 농작물을 얻어 살아가는 사람의 생활에 대해서도 이야기한다. 거기에 더해 사람이 어떤 목적으로 시작한 활동이 어떤 예상하지 못한 방식으로 탄소와 얽혀 생태계의 변화를 가져오는지도 짚고 나가고 있다. 너무나 다양한 이야기들 속에서 자연을 보는 과학의 통찰을 체험하게 해주는 책이다. 그 과정에서 빚어지는 이야기들은 자연으로의 회귀를 꿈꾸는 익숙한 주장인 동시에, 치밀하게 자연을 탐구하는 과학자들의 노력을 담은 신기한 모험담이기도 하다. 세세한 내용 구석구석을 파헤쳐가며 읽을 때 더 읽는 보람을 찾을 수 있을 것이다.

― 곽재식, 숭실사이버대학교 환경안전공학과 교수,『지구는 괜찮아, 우리가 문제지』저자

최근 나는 여러 사람들에게 '탄소'라는 말을 들으면 무엇이 떠오르냐고 물었다. 한 사람은 '탄소 배출권'이라고 했지만 그것이 무엇인지 잘 몰랐다. 또 다른 이는 '석탄과 숯'이라고 했고, 세 번째는 '다이아몬드?'라며 되물었다. 맞다, 하지만 탄소는 그보다 훨씬 더 많은 것을 의미한다. 폴 호컨은 특유의 명료하면서도 때때로 시적인 문체로, 탄소 없이는 지구가 생명 없는 죽은 달 표면처럼 되었을 것이라고 설명한다. 매혹적인 이 책을 꼭 읽어보기를 강력히 권한다.

— **제인 구달, 동물행동학자**

폴 호컨은 우리가 지구 상의 모든 존재와 어떻게 연결되어 있는지를 바라보도록 초대한다. 이 책은 우리가 함께 살아가는 생명체들에 대해서도, 인간이 본래 지닌 능력에 대해서도 깊은 희망을 품게 한다.

— **엘리자베스 콜버트, 퓰리처상 수상작 『여섯 번째 대멸종』 저자**

끝없이, 끝없이 매혹적이다! 수천 년에 걸쳐 인간은 주변 세계를 섬세하게 관찰하는 수천 가지 방법을 고안해왔고, 폴 호컨은 땅막에서부터 위성에 이르기까지 그런 관찰들을 한데 모아 통합함으로써 지금 우리가 무엇을 해야 하는지를 보여준다. 정보가 있는가 하면 지혜가 있다. 이 책은 바로 그 지혜의 집대성이다.
― **빌 매키번, 환경운동가, 간디 평화상 수상자**

탄소는 보이지 않지만 모든 생명체를 연결한다. 호컨은 시적인 문장과 깊은 통찰로 자연과의 관계를 다시 정의하며 지구 치유의 길을 제시한다.
― **크리스티아나 피게레스, 전 UN기후변화협약 사무총장**

호컨은 우리를 숲과 은하, 토양 미생물 생태계로 여행시킨다. 그는 탄소 순환의 균형이 단지 대기 화학의 문제가 아니라, 우리가 살아가는 세상과의 관계를 치유하는 데 달려있음을 일깨운다.
― **리즈 칼라일, 캘리포니아대학교 샌타바버라 환경학과 교수**

탄소는 생명을 잇는 보이지 않는 실이다. 그러나 화석연료로 배출되는 한 형태는 문명을 붕괴시킬 수도 있다. 이 책은 우리가 행동을 바꾸고, 구체적인 실천을 통해 지구를 회복해야 한다고 촉구한다.
― **마이클 E. 만, 펜실베이니아대학교 지구대기환경학부 명예교수**

세상을 기적의 직물처럼 보이게 하는 안경을 쓴 것처럼, 이 책은 생명의 가장 기초적인 화학 원소에 대한 사랑 시처럼 읽힌다. 호컨은 '탄소의 생명 춤은 옳고 그름을 따지지 않는다'고 말한다. 그의 손길로, 이 다재다능한 원소는 마치 가장 매력적인 존재처럼 보인다. 이 책 속 화학은 언제나 완벽하다.
— 칼 사피나, 스토니브룩대학교 자연 및 인류학 교수

폴 호컨의 강렬한 신간은 세상을 구할 수 있는 아름다움의 깊이를 반영한다. 대부분의 책이 탄소를 범죄자로 본다면, 호컨은 탄소가 지구 생명의 근원임을 상기시킨다. 기후위기 앞에서 절망과 부정을 넘어 희망을 찾고 있다면, 이 책은 반드시 읽어야 할 책이다.
— 밴 존스, CNN 진행자

전통적 환경 관리로의 복귀를 촉구하는 열정적인 메시지다. 호컨은 지금의 정치 환경 속에서도 우리가 파괴적 습관을 되돌릴 수 있는 희망을 본다. 문화적 통찰이 그의 탁월한 과학 글쓰기를 더욱 심화시킨다.
—《커커스 리뷰》

[차례]

추천의 말 6

[1장] **생명의 춤 : 탄소에 대한 오래된 오해** 15

지구를 길들일 수 있다는 착각 19 | 탄소가 추는 재생의 춤 23 | 돈키호테의 망상 27

[2장] **탄소는 흐른다 : 생명의 탄생과 죽음, 그리고 재생** 31

지구온난화를 예언한 유리병 실험 35 | 무관심하거나 포기하거나 38 | 미생물에서 세포로, 농장에서 주방으로 42

[3장] **탄소의 탄생 : 우리는 죽은 별들의 후손이다** 47

정상우주론과 빅뱅 이론 51 | 탄소는 어디서 왔는가 53 | 미세 조정이 낳은 생명의 오케스트라 57

[4장] **생명이란 무엇인가 : 생명의 정의에 관한 과학 논쟁** 61

생물과 무생물의 구분 65 | 생명의 본질을 찾아서 69 | 화성 탐사와 가이아 가설 73 | 오염 물질이 된 빛 79 | 지구를 덮은 거대한 소음 82

[5장] **별빛을 먹다 : 탄소, 인류의 식탁을 채우다** 89

이유식 실험 94 | 초가공식품 지배 사회 97 | 개보다 뛰어난 인간의 후각 101 | 잃어버린 맛봉오리를 찾아서 106

〔 6장 〕 **유사 식품:** 음식의 탈을 쓴 초가공식품의 세계 109

음식이 병이 되는 시대 113 | 햄버거보다 열량이 높은 샐러드 115 | 유사 식품 산업 118 | 잃어버린 마야문명의 지혜 120 | 전문가가 지배하는 식탁 125

〔 7장 〕 **나노 기술의 시대:** 인류, 원자를 길들이다 129

풀러렌의 발견 134 | 운전대가 없는 자동차 138 | 나노튜브의 명과 암 142 | 셀룰로스에서 찾은 해답 144

〔 8장 〕 **녹색의 연결망:** 식물이 소통하는 법 149

탄소 비료가 낳은 비극 154 | 식물의 움직임에는 의도가 있다 158 | 인간만이 언어를 쓴다는 착각 164 | 식물의 언어 167 | 이 행성에서 누가 더 중요할까? 173

〔 9장 〕 **곰팡이 왕국:** 생명의 무덤이자 자궁 177

식물과 곰팡이의 공생 183 | 천연의 탄소 포집기 188 | '균류맨', 호모사피엔스 190

〔 10장 〕 **사라지는 언어들:** 언어와 생명 다양성 197

야마나어의 멸종 203 | 언어와 생명 다양성의 관계 206 | 미크마크족의 나무 작명법 209 | 기후위기와 명사주의 213

〔11장〕 **곤충의 붕괴:** 작은 것들이 세계를 움직인다 217

곤충의 뇌 223 | 곤충이 사라지면 우리도 사라진다 227 | 마오쩌둥의 참새 박멸 운동 231 | 세상을 구하는 '아마추어' 235

〔12장〕 **녹색 방주:** 숲, 지구상 가장 거대한 보금자리 239

13만 년 전 얼음이 보여준 미래 244 | 거대림과 생태 다양성 249 | 아한대림의 탄소 흡수율 252

〔13장〕 **검은 흙:** 녹색혁명과 토양의 죽음 259

지렁이, 쇠똥구리, 개미의 지구 263 | 살충제와 단일경작 269 | 녹색혁명의 후유증 272 | 미생물의 토양 회복력 275 | '엉망진창' 농업 277

〔14장〕 **잃어버린 야생:** 인간은 자연을 복원할 수 있는가 281

재야생화 실험 287 | 번역할 수 없는 세계 293 | 범고래 대량 학살 296

〔15장〕 **인식의 전환:** 지구가 스스로를 구할 것이다 303

일곱 세대 이후를 위한 법 307 | 브라운 채플이 보여준 존엄성 311 | 신이 아닌 산파의 길 316

감사의 말 321   **옮긴이의 말** 328   **주** 331

제1장

생명의 춤
:
탄소에 대한 오래된 오해

우리가 해야 할 것들,
말해야 할 것들, 생각해야 할 것들이 있으며,
그것들은 정의를 보는 우리의 관점을
철저히 사로잡아온 성공의 이미지들과는
전혀 달라 보인다.[1]

바요 아코몰라페 Báyò Akómoláfé

탄소Carbon는 네 세계 사이를 끊임없이 움직인다. 생물권, 바다, 땅, 대기다. 탄소는 강과 핏줄, 토양과 피부, 바람과 호흡 속에서 흐른다. 태어나고 죽는 삶, 두려워하고 상상하는 미래의 이야기꾼이다. 우리 존재의 입자 하나하나를 다 찾아다니는 특사이자, 문화, 석호lagoon, 마음, 초원, 생물, 덧없는 우리의 삶을 하나로 엮는 격자다. 탄소가 추는 생명의 춤은 어느 한쪽에 치우치지 않는다. 옳고 그름도 없다. 우리 앞에서 끝없이 펼쳐지는 영원한 길이다. 아리아드네의 실Ariadne's thread처럼, 탄소의 흐름은 세계가 퍼뜨리는 불안, 무지, 두려움의 미로를 탈출하도록 도울 수도 있는 이야기다. 대기의 탄소가 증가하는 데 발맞추어서 생물 세계는 사라지고 있다. 이 책은 우리가 지구라고 부르는 것을 감싼, 약동하는 살아있는 덮개인 기후를 늘 조절해온 원소의 이야기다.

당신처럼 나도 뉴스, 과학, 혼란, 분열된 정치를 접한다. 얄팍한 확신으로 감쌌지만 두렵고 어찌할 수 없는 양 느껴지는 세상을 본다. 삶의 수수께끼와 찬란함을 더 잘 이해하기 위해 나는 상류로, 발원지로 거슬러 올라가서 탄소의 렌즈를 통해 생명의 흐름을 바라보기로 했다. 오로지 예보와 전조를 통해 세상의 비참함을 한탄하는 대신에, 드리워진 위협이 없는 상태의 행성을 보는 이들의 목소리에 귀를 기울이기로 했다.[2] 열 돔heat dome처럼 지혜의 돔도 있지 않을까? 원주민이 관찰을 통해 얻은 지혜와 서구 과학을 융합하여 지구에서 우리가 어떤 위치에 있는지를 이해할 새로운 관점을 내놓는 이들이 있다.[3] 그들의 관점은 우리가 모르는 무언가를 드러낸다. 우리가 명명백백하다고 여긴 것들이 해체되고 있다. 헤아릴 수 없는 복잡성으로 대체되고 있다.

탄소는 지구에서 미미한 비율을 차지하지만, 탄소가 없다면 지구는 우주의 죽은 암석 덩어리일 뿐이다. 별 없는 하늘, 소리 없는 교향곡이나 다를 바 없을 것이다. 우리는 탄소를 길을 잘못 든 원소로, 문명을 자멸로 이끄는 주범으로 축소시켜 왔다. 지구온난화, 난무하는 부당함, 붕괴하는 생물 다양성biodiversity이라는 위기들은 하나의 전체를 이룬다. 반면에 탄소와 인간, 자연은 마치 서로 독립적인 것처럼 분리되어 있다. 탄소는 온갖 아름다움, 비밀, 복잡성을 지닌 생명 전체를 들여다보는 유리창이다. 사람들은 탄소를 이야기할 때 장엄함 대신 원자를, 생물 대신 물리학을 언급한다. 생명은 흐름이자 강이지, 고립된 구성 요소가 아니다. 완고한 믿음들, 자질구레한 세부 사항들, 헛짚는 미디어는 우리의 인식을 분열시킬 수 있다. 탄소의 흐름은 우리를 집어삼키는 단편적이고 혼란스러운 이야기들보다 더 나은 이야기들, 다른 관점들, 가능성의 전망들을 제공한다.

지구를 길들일 수 있다는 착각

행성의 관점에서 보자면 더워지는 대기는 일종의 반응, 조정, 가르침이다. 지구의 기후는 일부에서 말하듯이 무너지고 있는 것이 아니다. 그러나 인류가 적응할 수 있는 속도보다 더 빨리 변하고 있다. 가열되는 지구는 미래에 격변이 일어날 것이라고 예고한다. 인류의 온실가스 배출이 줄어들지 않는다면 문명은 사라질 것이다. 기후과학자들이 수십 년 동안 한결같이 한목소리로 외쳐댄 끝에야 세계는 기후 동역학climate dynamics을 인식하기에 이르렀다. 변화하는 대기는 기업, 국가, 학교의 전면에 떠올랐다. 투자자들은 인류 역사상 가장 중요한 자본 투자 기회를 만들어내고 있다. 기후는 앞으로 수십 년 동안 금융의 주축이 될 것이다. 은행, 투자자, 연금 기금은 예전에는 살기 좋은 미래를 만드는 일에 투자하는 데 관심이 없었지만, 110조 달러 규모의 세계경제를 탈탄소화 한다는 전망이 많은 이들의 생각을 바꾸어왔다. 무엇이 거기에 포함될까? 바로 세계의 모든 가정, 차, 열차, 항공기, 트럭, 도시, 선박, 제품, 농장, 건물, 공공시설이다. 자원 쪽에서 보면 모든 목재, 철, 콘크리트, 섬유, 플라스틱, 광물이 해당한다.

산업 쪽에서는 변하는 기후를 행동이나 소비, 단절의 위기가 아니라 공학적 문제로 본다. 현재의 화석연료 기반 에너지 체계를 재생에너지로 대체할 수 있고, 특권층은 지금까지 하던 대로 계속 살아갈 수 있을 것이라고 암묵적으로 가정하기 때문이다. 주술적 사고방식이다. 지구온난화를 바로잡겠다고 석유회사는 마치 창고가 넘친다는 양 대기에서 이산화탄소를 포획하여 제거하려고 애쓴다. 기업이 지구를 어떻게 인식하는지를 상징적으로 보여준다. 인류가 이용하고, 변형하고, 수선할 수 있는 관리 가능한 고안물이라고 여기는 행태다. 대규모 경제가 탄소 중립을 달성하겠다고 천명한다면 대기를 길들일 수 있다고 보는 것이다. 세계의 현재 생활 습관은 처절한 미래를 대가로 유지되고 있다. 살아 있는 세계를 붕괴시키는 우리의 잘못된 행위는 어떤 말로도 옹호할 수 없다.

기업가들은 이산화탄소 시장을 창출해왔다. 예전에 노예와 상아 시장을 창출했듯이. 생물 다양성 크레딧biodiversity credit• 시장도 있다. 국제통화기금IMF은 대왕고래의 가치를 200만 달러로 계산했다.[4] 이를 이른바 자연 기반 해법nature-based solution 이라고 부른다. 우리가 대기를 수선하려고 시도하는 것과 똑같은 방식으로 자연 세계를 고칠 수 있음을 의미하는 용어다. 고래를 화폐로 환산하면 무엇을 할 수 있게 된다는 걸까? 시장이 세상을 더 낫게 만드는 수단이라는 굳건한 믿음이 틀렸다는 것은 역사가 보여준다. 생물권을 추출해서 가장 높게 부른 입찰자에게 파는 행위는 지구온난화와 사회 부정의의 원인이다. 부에 대한 과도한 집착에서 한 발짝 물러나서 보면, 우리가 주주들에게 배당금을 지불하기 위해

• 환경적 가치나 권리.

지구의 생명을 제거하고 있음이 명백히 드러난다.⁵

햄릿 왕자가 "그것이 문제로다"라고 한탄했을 때 그는 자살을 고민하고 있었고, 그 일이 육신을 버려야 하는 것임을 깨달았다. 문명의 문제점은 상업에 관한 희한한 망상적인 믿음을 갖고 있다는 것이다. 시티즌 포타와토미Citizen Potawatomi족 생물학자 로빈 월 키머러Robin Wall Kimmerer는 이 걸림돌을 이렇게 설명한다. "우리에게는 정책 변화 이상의 것이 필요하다. 인간이 예외라는 허구에서 벗어나 우리가 살아있는 세계와 친척이며 호혜적인 관계에 있다는 실상을 깨닫는 세계관의 변화가 필요하다. 지구는 우리에게 한없이 빼앗는 문화와 단절함으로써, 세계가 지속될 수 있도록 하라고 요구한다."⁶ 이는 정치, 금융, 경영 분야의 권력자들이 앞으로의 이익만 생각한다면 이루어질 수 없다. 현대의 과제는 우리의 존재 자체가 지구 생명 전체에 의존하고 있음을 인정하는 것이다.⁷

세계경제는 대규모 에너지전환을 겪고 있다. 화석연료 연소를 토대로 한 문명이 태양광, 풍력, 수력이라는 태양에너지로 구동되는 문명으로 전환되고 있다.⁸ 이 전환이 필요하다는 것은 명백하다. 정부와 금융기관이 기후위기를 받아들이기까지는 수십 년이 걸렸다. 그러나 받아들이고 있음에도, 그 위기에 관한 주된 담론은 살아있는 세계를 확실히 꼭 필요하긴 하지만 긴요하지는 않은, 대체로 생물 다양성이라고 일컫는 종속된 지위, 별도의 범주로 놓곤 한다. 온실가스가 어떻게 대기를 변화시키는지는 잘 알려져 있다. 그러나 무수한 생물들이 어떻게 대기를 조절하고 우리 고향 행성의 풍요를 빚어내는지는 잘 모른다. 생명윤리학자 멜라니 챌린저Melanie Challenger는 말한다. "우리는 스스로 알아서 잘 살아가는 생명을 죽이면서, 우리 입맛에 맞게 생명을 설계하려고 시도한다."[9] 인류가 지구의 재생 능력을 계속 해체하기를 원함에 따라서, 우리는 생물학적 빈곤이라는 상상조차 하기 어려운 미래로 접어들고 있다. 그런 미래에 대기를 복원하려는 우리의 시도는 무의미해질 것이다. 수십억 년에 걸친 지구 역사에서, 작동하지 않는 것, 생명에 기여하지 않는 것은 폐기되었다. 그런데 왜 우리는 그쪽 줄에 서있는 걸까?[10]

탄소가 추는 재생의 춤

인류는 지구에 수백만 년 동안 쌓인 부를 지난 두 세기 사이에 써버렸다. 산호초는 썩어가고, 꽃가루 매개자는 줄어들고, 대양은 산성화하고, 어장은 황폐해지고, 숲은 베어지고, 토양은 침식되고, 땅은 메말라가고, 새는 사라지고, 야생의 땅은 줄어들고 있다. 미래는 현재를 정확히 이해함으로써만 이해할 수 있다. 우리는 마치 가능하다는 양, 인간 세계를 자연 세계로부터 떼어내려고 시도하고 있다. 현행 생산과 소비 체계는 숙주를 먹어치운다. 우리가 소중히 떠받드는 경제 관행은 손실을 낳고 보장한다. 챌린저는 이렇게 썼다.

"우리의 도시와 산업은 토양에, 심해 생물의 세포에, 멀리 떠다니는 대기의 입자에 각인을 남겼다. 문제는 우리가 생명에 도움이 되도록 행동할 올바른 방법을 알지 못한다는 것이다. 이 불확실성은 어느 정도는 우리가 다른 생명체들이 어떻게 중요한지, 아니 더 나아가 과연 중요한지조차도 판단할 수 없기 때문에 존재한다."[11]

화석연료를 재생에너지로 대체하는 일은 아주 중요하지만 그것만으로는 부족하다.[12] 설령 우리가 그렇게 생각하지 않는다고 해도, 인류는 지구의 모든 서식지 및 모든 시민들과의 관계에 의존한다. 사회, 상업, 정부는 언론인 에릭 로스턴Eric Roston이 '탄소의 춤the dance of carbon'이라고 부른 것, 즉 생명에 내재된 끊임없는 재생에 초점을 맞추어야 한다.[13] 이는 기술혁신과 창안을 배제하는 것이 아니다. 기술은 한 가지 핵심 기준을 넘어서야 한다. 그 해결책, 전략, 제안이 생명을 더 늘릴까, 아니면 줄일까? 우리는 생명을 줄이는 것들을 시도해왔고, 그 결과 지금과 같은 상황에 처했다. 그렇다면 생명을 더 늘리는 것들은 어떤 모습일까? 맑은 물, 깨끗한 식품, 활기찬 문화, 존중받는 사람, 고대의 숲, 사람의 건강, 평등, 교육, 풍족한 어장, 야생 환경, 조용한 녹색 도시, 기름진 토양, 최저 생활 임금, 존중받는 일자리가 그렇다.

언론 매체는 대체로 외면하고 있지만, 수천 곳의 단체와 수백만 명의 사람이 살아있는 세계를 재생하려는 운동을 펼치고 있다. 생명을 늘리는 공동체는 마케팅, 홍보, 소셜 미디어를 통해 우리 삶을 지배하는 거대 기관들에 비해 작고, 드러나지 않고, 주목을 받지 못한다. 시민과 원주민 공동체가 주도하는 행동은 자연 세계와의 호혜성, 상리공생, 타협에 토대를 두며, 이는 언론의 주목을 받을 만한 특성들이 아니다. 이들의 활동은 지난 세기 초에 진화생물학자 표트르 크로폿킨Pyotr Kropotkin이 한 말을 상기시킨다. 환경이 변하고 자원이 희소할 때 경쟁보다 협력과 협동이 훨씬 더 효과적이라는 것이다. 그는 러시아 밀밭과 나쁜 날씨를 염두에 두고 있었지만, 그의 통찰은 오늘날의 세계에도 마찬가지로 잘 들어맞는다.

지구는 민감하다. 대기 기체의 변화는 우리 행성의 모든 것을 바꾼다. 대기에 탄소가 없다면 지구는 얼어붙은 화성과 다름없어지고, 너무 많으면 뜨겁게 달궈진 금성과 같아진다. 우리는 절묘하면서 섬세한 행성에 사는 870만 종 가운데 하나다. 생물량으로 따지면, 인류는 생명 전체의 0.01퍼센트를 차지한다. 인류를 제외한 다른 모든 생명체들은 대기를 이산화탄소 이중 유리로 덮지 않은, 풍성하게 뒤얽힌 공동체를 형성한다. 이 생명 공동체를 더 잘 이해하고 싶다면, 우리 몸의 공동체를 들여다보기만 해도 된다. 우리 몸속과 표면에 사는 무수한 미생물들이 없다면, 우리는 살아갈 수 없다. 각 세포는 매 순간 수백만 가지 활동을 하고 있다. 탄소의 흐름이 결함 없이 연결되고 통합되고 상호작용 하기 때문에 그렇다.

우리 행성도 우리 몸도 바로 이렇게 복잡하게 뒤얽히면서 복잡한 집을 이룬다. 우리 몸의 세포들 전체는 1초가 흐르는 동안 우주에 있는 별의 수보다 10배 더 많은 과정들을 진행한다. 찰스 다윈Charles Darwin은 각각의 생명체가 "상상할 수도 없이 작으면서 하늘의 별 만큼 많은, 자가 증식하는 무수한 생물들로 이루어진 소우주"임을 과학이 발견할 것이라고 시적인 예측을 했다. 그의 예측은 옳았다. 생명은 세포로만 존재한다. 각 세포는 100조 개에 달하는 원자들이 모인 공동체로서, 이 원자들은 자기 조직화를 통해 생존에 필수적인 조건들을 조성하고 유지하는 분자들을 만든다.[14] 세포들은 함께 뭉치기를 좋아하며, 그렇게 뭉침으로써 인체와 흰눈썹뜸부기에서 원생동물protoza, 빙어에서 귀뚜라미, 대왕고래에서 금잔화에 이르기까지 우리와 함께 이 행성을 공유하는 생물학적 은하를 형성한다.

돈키호테의 망상

홀로 살아가는 자족적인 개인이라는 허영은 오로지 만화책과 서구 문화에서만 존재한다. 현대성의 대다수 측면들은 이 망상을 부추긴다. 법적 권리에서 권리 증서, 경제 이론에서 공격용 총기 소유에 이르기까지 다 그렇다. 우리는 기후변화에 맞서 싸우라는 재촉을 받고 있다. 이는 살아있는 세계를 우리가 어떻게 '타자화' 하는지를 단적으로 보여주는, 돈키호테의 망상을 재현한 사례다. 대기를 바꾸려면 행성 탄소의 복잡한 흐름을 흉내 내야 한다. 사회적·경제적 관계는 집중된 형태의 경제적 권력이 지배할 수 없는 방식으로,

새로 회복된 사회 및 자연 생태계에 통합되어야 한다.

서구 과학은 계몽 시대에 살아있는 세계를 분류하는 주된 토대가 되었다.[15] 식물은 사물이었고, 숲은 셀룰로스cellulose였고, 버섯은 식량이었고, 토양은 오물이었고, 동물은 감정이 없었고, 자연은 채취하고 상품화하고 판매하기 위해 존재했다. 상상과 지각의 심각한 오류였다. 계몽의 시대를 촉발한 호기심과 창의성은 과학만능주의, 즉 다른 사고방식을 내치는 확고한 합리주의가 되었다. 그것은 자연을 관찰하고 자연 세계를 잠정적으로 설명하는 검증 가능한 모델을 개발했다. 다만 제대로 설명하지 못했다는 것이 문제였다.

오랜 세월, 때로는 5만 년 넘게 같은 땅에서 죽 살아온 원주민 문화는 자연을 다르게 본다. 살아있는 세계를 가족, 우리 친척, 유일무이한 생명체로 본다. 약 5,000곳에 이르는 원주민 문화의 존속과 생존은 숲, 사막, 북극권, 섬, 초원에서 번성하는 법을 이해하는 패턴 인식의 대가가 되는 데 달려 있었다. 번성하는 모든 것이 그들의 스승이었다. 식물, 동물, 숲, 원로, 아이, 조상이 그러했다. 아메리카 원주민은 전통을 따르는 이들에게 풍족한 식량과 자원을 조성하는 방식으로 채집하고 사냥하고 길렀다. 반면에 우리의 믿음, 지금까지 해온 일, 이제야 후회하기 시작한 모습 등은 서양인들이 그런 식으로 생각하지도 행동하지도 않았음을 드러낸다.

인간의 여정은 삶을 얻고 유지하는 일상의 활동이다. 우리는 이 일을 이기적으로 하거나, 아니면 품위 있게 할 수 있다. 우리 몸속과 표면은 진화하는 생명이 10억 년에 걸쳐 엮은, 살아 숨 쉬는 의식의 구체다. 유정성sentience*은 우리 발밑, 숲 임관층**, 빈민가, 아이의 숨에 존재하며, 우리 아래와 위와 주변을 둘러싸고 있는 복잡하고 정교한 생명의 그물이다. 우리의 이야기에는 늘 이 자각이 함께할 것이다. 우리 앞에는 파손된 행성이 놓여있지만, 상상력, 수수께끼, 용기로 가득한 윙윙거리고 두근거리고 약동하는 구체도 존재한다. 이 책은 식물의 세계, 곤충의 우주, 곰팡이의 미로, 포유류의 무리, 나무의 숲, 인간 지성의 회의장으로 들어가는 여정이다. 탄소의 흐름은 우리의 모든 이야기들을 엮고 짜는 신성한 춤이다.

요루바Yoruba족 철학자이자 시인인 바요 아코몰라페는 세속적이고 절박한 심경에서 벗어나 우리의 신성한 고향을 향한 심오한 존경심을 갖는 쪽으로 나아가자고 말한다.

"이 10년이 단지 해결책이 아니라, 단지 미래가 아니라 그

---

* 감정이 있거나 감정을 지닐 수 있는 성질. 또는 그러한 감각적·정서적 특성.
** 나무 위쪽에 가지와 잎이 넓게 퍼져 구름처럼 보이는 상단 부분.

이상의 것을 가져오기를. 우리가 아직 알지 못하는 단어들과 우리가 아직 살아보지 않은 시간을 가져다주기를. 그리고 아주 철저히 접하고 야생의 장소에서 너무나 압도적으로 마주쳐서 완전히 무너지기를. 퇴비가 될 준비를 하기를. 불가능한 일을 할 준비를 하기를."[16]

제 2 장

탄소는 흐른다

생명의 탄생과 죽음, 그리고 재생

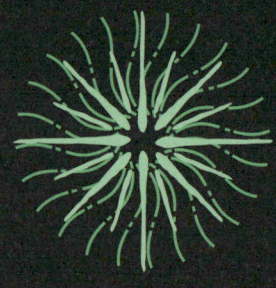

우주는 우리가 생각하는 것보다
더 기이할 뿐 아니라,
우리가 생각할 수 있는 것보다 더 기이하다.

베르너 하이젠베르크 Werner Heisenberg

탄소는 가장 수수께끼 같은 원소다.¹ 탄소는 에너지를 포획하고 기억을 저장하는 분자 사슬을 형성한다. 우주에서 오로지 이 원소만이 그렇게 할 수 있다. 탄소는 나무, 세포, 조개껍데기, 호르몬, 세포소기관, 눈썹, 뼈, 박쥐 날개에 구조적 틀도 제공한다. 탄소는 생명의 모든 자취에 활기를 불어넣는 공학자이자 제작자, 분자 행위자다. 탄소는 산호초에서 코뿔소, 식물에서 행성에 이르기까지 어디에서나 모든 것을 조직하고 조립하고 만든다. 생명을 감싸고 보호하는 가죽, 비늘, 막은 탄소로 이루어져 있다. 탄소는 의식의 모든 측면을 형성하고 가능하게 하며, 살아있는 세계의 모습을 좌우하는 온화한 주재자다. 잇고 끊고, 꽉 붙잡고(석탄), 쉽게 놓아주고(당), 유연하고(대나무), 치타 눈의 각막에서 반짝거리기 때문에 이 모든 일을 할 수 있다.

탄소는 유정성의 핵심 원소, DNA의 돌보미, 태양의 에너지, 즉 별빛을 우리 혈액으로 방출하는 미토콘드리아mitochondria 배터리의 음유시인이다. 생물은 무차별적으로 탄소를 공유하고 주고받으며, 거의 무한히 다양한 생명체를 조립한다. 그중 하나가 두 다리로 걷고 불을 다스리는 법을 터득한 영장류인 사람속homo이다.

이루 헤아릴 수 없이 다양한 표현 형태 덕분에 탄소는 풍요의 통화, 진화적 성장의 중앙은행, 생명의 만신전에서 가장 사교성이 뛰어난 기업가가 된다. 탄소는 질소nitrogen, 산소oxygen, 수소hydrogen와 결합해서 아미노산amino acid을 만든다. 아미노산은 단백질을 조립하는 데 필요한 기본 재료다. 세균이든 코끼리든 간에 모든 생물의 먹이는 탄소화합물이다. 지방, 섬유질, 단백질, 탄수화물이 그렇다. 소화할 때 우리는 탄소 분자를 분해하며, 흡수하여 재구성해서 혈액, 유전자, 호르몬, 연료를 만든다.[2] 식량은 빛이 잎을 만나서 탄소와 산소를 당sugar과 셀룰로스로 전환하면서 시작된다.

탄소를 오염 물질이라고 부르는 이들은 문서 프로그램을 닫고 싶을지도 모르겠다. 우리가 무엇을 믿든 배신하든 간에, 마지막 말을 남기는 것은 탄소 기반 분자다.[3] 좋은 일이다. 우리는 이 행성 위에 드물게 등장한, 꽤나 특이한 뇌를 지닌 새로운 종이다. 지질학적 시간에 비추어보면 이제 겨우 물에 발을 담그기 시작한 정도에 불과하다. 이 새로운 종은 유별나게 자주 판단 오류를 저지른다. 반면에 자연은 결코 실수를 하지 않는다. 자연은 실험을 하며, 그 실험 중 하나가 바로 우리다. 태양이 빛나는 한, 행성 지구의 탄소 흐름은 생명을 더 복잡해지고 풍부해지고 아름다워지는 방향으로 움직인다. 호모사피엔스는 그 탄소 흐름을 막고, 뒤엎고, 끊는 유일한 종이다.

지구온난화를 예언한 유리병 실험

대기 이산화탄소 농도 증가로 지구 대기가 더워질 것이라는 예측은 19세기에 몇몇 과학자들을 통해서 처음 나왔다.[4] 프랑스 화학자 조제프 푸리에 Joseph Fourier 는 태양에서 유입되는 열을 토대로 계산한 값보다 지구 기온이 더 따뜻하다는 결과를 내놓았다. 1824년 그는 대기의 기체가 열을 가두는 것이 틀림없다는 이론을 세웠다. 1837년에는 인간 활동으로

온난화의 전반적인 수준이 바뀔 수 있다고 예측했다. 이어서 1856년 아마추어 과학자이자 여성 인권 활동가인 유니스 뉴턴 푸트 Eunice Newton Foote는 유리병에 탄산을 넣고 밀봉하여 햇빛 아래 두는 실험을 최초로 했다. 그녀는 유리병에서 측정한 결과가 지구에도 일어날 수 있다고 결론지었다. "그 기체를 지닌 대기는 우리 지구의 기온을 높일 것이다." 그 연구는 거의 반세기 동안 무시되었다. 과학계가 여성의 발언을 허용하지 않았기 때문이다.

3년 뒤 아일랜드 과학자 조지프 틴들 Joseph Tyndall은 정밀한 실험을 통해 수증기와 이산화탄소가 건조한 공기보다 거의 1,000배 더 많이, 놀라울 만치 효과적으로 열을 가둔다는 것을 보여주었다. 틴들은 자기 실험의 결과에 '당황한' 나머지, 그 실험을 몇 번이나 되풀이했다. 1896년 스웨덴 물리학자 스반테 아레니우스 Svante Arrhenius도 그 문제에 매달렸고, 새로운 데이터를 써서 대기 이산화탄소 농도가 2배로 늘 때 어떤 일이 일어날지를 꼬박 1년에 걸쳐 손으로 꼼꼼히 계산했다. 그는 지구가 5~6도 더 더워질 것이라는 답을 내놓았다. 현재의 가장 성능 좋은 슈퍼컴퓨터 모델들도 같은 값을 내놓는다. 아레니우스는 지구온난화가 수백 년에 걸쳐 서서히 진행될 것이고 세계에 긍정적인 결과를 가져올 수 있다고 믿었다. 특히 추운 지방에 사는 이들이 혜택을 볼 것이라고 보았다. 그는 20세기에 탄소 배출량이 기하급수적으로 증가하리라고는 상상도 못 했다.

탄소 자체는 단순하다. 탄소의 영어 단어 카본carbon은 '태우다'라는 뜻의 인도유럽어 케르kerh에서 나왔다. 케르는 석탄을 뜻하는 라틴어 카르보넴carbonem이 되었다. 탄소 원자는 대칭성을 띤다. 양성자proton, 중성자neutron, 전자electron가 6개씩 들어있다. 전자 6개 중 4개는 다른 탄소나 다른 원자와 공유가 가능하며, 그럼으로써 탄소는 온갖 충성스럽고 변덕스러운 다양한 행동을 할 수 있다. 공유결합은 탄소끼리 결합해 만든 다이아몬드의 격자 구조에서처럼 매우 강하게 유지될 수도 있고, 탄소가 산소나 수소와 결합한 당에서처럼 쉽게 끊어질 수도 있다. 작은 나뭇가지나 피부에서처럼 결합 세기가 그 중간에 속한 사례들도 있다.

탄소는 우주에서는 원자 약 10만 개에 하나꼴로 놀라울 만치 작은 비율을 차지하지만, 성간 구름interstellar cloud을 이루는 분자의 90퍼센트, 지구의 3,300만 가지 물질의 99퍼센트에 들어있다.[5] 탄소가 살아있는 존재라면, 우리는 탄소의 사회적 지능, 모이고 어울리고 유연한 특성, 쉽게 친구를 만드는 능력에 찬사를 보낼 것이다. 탄소 분자를 자세히 분석한다면, 입자 동물원임이 드러난다. 경입자lepton, 쿼크quark, 보손boson, 중간자meson, 중입자baryon 같은 아원자입자subatomic particle들이 1초보다 까마득히 짧은 시간 동안 나타났다 사라졌다 한다. 그러나 우리는 쇠 프라이팬의 바닥을 긁거나 탄 양초 심지를 손가락으로 문지르면 탄소를 얻을 수 있다.

무관심하거나 포기하거나

탄소는 수십억 년 동안 대기를 드나들었지만, 지난 세기에는 그 속도가 유례없을 만치 빨랐다. 인류는 수천만 년에 걸쳐 화석이 된 탄소를 수백 년 사이에 태움으로써 새로운 지질시대를 열었다. 지구에 더 최근에 출현한 젊은 세대는 이전 세대들이 온실가스 농도 증가의 위험을 알고 있으면서 아무 조치도 하지 않았다는 사실에 놀란다. 가정, 직장, 학교, 언론 매체에서 논의되지도 않았다. 지금은 극단적인 날씨에 시달리는 사람이 점점 늘어나면서 침묵의 장막이 걷히고 있다. 그러나 우리 대다수는 여전히 거의 아무 말도 하지 않은 채 출근하고, 마당을 쓸고, 농사를 짓고, 카풀을 하고, 공장에 가고, 야채를 사고, 화면을 본다. 문명의 생존 가능성이 의문시되고 있음에도 심각하게 논의되지 않고 있다.

사람들이 태연한 걸까, 관심이 없는 걸까? 언론은 바다, 숲, 육지, 사람들의 소멸보다 유명인, 추문, 실수, 스포츠를 더 선호한다. 놀랄 일도 아니다. 나도 그런 쓸데없는 이야기들을 종종 훑는다. 나도 신경을 분산시키고 싶다. 황폐하게 만드는 소식들을 꾸준히 접하고 있으면 정신 건강에 안 좋다. 우리 마음은 자신이나 남들이 겪을 수도 있는 일을 기술한 내용을 다루기 버거워한다.

예전에 그토록 잘 작동했던 비범한 경제체제가 지금 자신의 창조자를 해치고 있건만, 우리는 신경도 안 쓰는 듯하다. 어떻게 그럴 수 있을까? 불가능한 일이 벌어지는 듯하다. 그러나 한 발짝 물러나서 탄소나 기후를 명확히 볼 수 있는 지점 같은 곳은 없다. 양쪽 다 눈에 보이지 않는다. 우리는 기후가 아니라 날씨 양상을 본다. 우리는 사람들에게 에너지를 공급하는 미토콘드리아가 아니라 사람들을 본다. 우리는 섬뜩한 뉴스를 듣지만, 믿을 만한 대책이나 개인이 취할 의미 있는 행동 방식을 알려주는 소식은 거의 듣지 못한다.

그 결과 인류의 99퍼센트 이상은 기후위기 앞에서 거의 또는 전혀 아무런 대응도 하지 않는다. 우리는 과학 앞에서 멍해지고, 전문용어에 난감해지고, 예측 앞에서 말을 잃고,

어떤 행동을 취할지 혼란스러워하고, 가족을 돌보려고 애쓰면서 스트레스를 받거나, 아니면 그저 빈곤과 과로와 피곤에 찌들어 있기도 하다. 무능, 무지, 무관심 등 원인이 무엇이든 간에, 지옥이 임박했다는 전망은 관심도 자극도 그다지 끌지 못하고 있다. 이 글을 쓰는 현재, 영국의 멸종 반란 Extinction Rebellion에 소속된 기후 활동가들은 초등학교를 찾아가서 우리가 파멸할 것이고 이미 너무 늦었다는 이야기를 하고 있다.[6] 2021년 16~25세의 젊은이들을 대상으로 실시한 국제 설문 조사에서 56퍼센트는 인류에게 더 이상 기회가 없다고 믿는다고 답했다.[7] 우리에게는 사람들에게 숨 막힐 정도로 충격을 주지 않으면서 이해를 도울 방안이 필요하다. 인류의 대다수는 기후 이야기를 하지 않는다. 무슨 말을 할지 모르기 때문이다.

기후 비상사태 climate emergency라는 동굴 같은 심리적 블랙홀은 주로 과학자, 활동가, 미디어, 소수의 정치인, 마음에 상처를 입은 젊은이에게나 와닿을 뿐이다. 세계의 대다수는 이 블랙홀이 뭔지 모르거나 그 깎아지른 가장자리에서 내려다보고는 재빨리 뒤로 물러난다. 지구 가열과 그 영향에 관한 세계의 인식이 지금 그런 상태다. 그런 기후 메시지는 아무 소용이 없다. 핵심 진리가 빠져있기 때문이다.[8]

과학 저술가 매슈 슈리브먼Matthew Shribman은 기후 비상사태라는 용어가 오로지 자연 세계에만 초점을 맞춘다는 점에서 우리가 역사상 가장 큰 의사소통 실패를 목격하고 있다고 믿는다. 슈리브먼은 지구 최대 규모의 동물 이주를 예로 든다. 대양에서 밤에 이루어지는 특이한 흐름이다. 이 이주하는 어류, 새우, 연체동물 수십억 마리 사이에 요각류crustacean도 있다. 요각류는 몸길이 약 16밀리미터에 불과한 작은 갑각류로서, 늪, 연못, 호수, 물웅덩이, 동굴, 해구, 낙엽, 개울 바닥 등 물이 있는 곳이라면 어디에든 살고 있다. 잎과 꽃에 고인 작은 물에도 산다.[9]

대양에 사는 요각류는 밤이 찾아오면 먹이가 풍부한 수면을 향해 이주한다. 이들이 이동할 때 달이 일으키는 조석에 맞먹는 양의 물도 이동한다.[10] 포식자의 눈에 띄지 않는 밤에 수면으로 올라온 요각류는 대기 탄소를 포획하는 미세한 식물성 플랑크톤을 갉아 먹는다. 새벽에 이들이 다시 깊은 곳으로 이동하면, 이들이 내놓는 탄소가 풍부한 배설물은 해저로 가라앉아서 설령 수백만 년까지는 아니라고 해도 수만 년 동안 쌓인다. 이들이 사는 대양의 표면층은 가장 중요한 탄소 흡수원이라고 추정된다. 연간 20억 톤의 탄소를 흡수한다. 그래도 인류가 배출하는 양의 약 6분의 1에 불과하다.[11]

미생물에서 세포로, 농장에서 주방으로

어떻게 하면 탄소의 흐름과 저장을 강화하고 늘릴까? 아마 우리 사고에 놓인 역전층•을 제거하는 것에서 시작해야 할 듯하다. 우리가 직면한 압도적인 문제들은 가능성들을, 심지어 가능성들의 가능성마저 질식시킨다. 모든 문제는 해결책으로 위장하고 있으며, 그렇지 않았다면 애초에 문제가 되지 않았을 것이다. 우리는 만지고 맛보고 호흡하고 보고 걷고 대화하고 상상하는 매 순간에 탄소의 물리학, 생물학, 생화학을 경험한다는 사실을 깨닫는 것에서 시작할 수도 있다. 28~36조 개에 이르는 우리 사람 세포 각각에서는 약 1조 2,000억 개의 탄소 원자가 우리 생명을 유지하느라 바쁘게 움직이고 있다.

게다가 과학은 앞니부터 창자에 이르기까지 인체의 모든 부위를 덮고 배어있고 채우고 있는 미생물 세포가 약 40조 개에 달한다고 추정한다. 그들이 없다면 사람의 몸은 살아갈 수 없다. 미생물 세계는 수십억 년 전에 우리를 탄생시켰고, 그 뒤로 결코 떠난 적이 없다. 그런데 미생물이 기후위기

• 대류권에서 찬 공기 위에 더운 공기가 겹쳐 있는 경계면.

와 무슨 관계가 있냐고? 세계를 살아있게 하는 것이 바로 그들이다. 하지만 미생물 중에서 지금까지 과학자들이 밝혀낸 종류는 1퍼센트에도 못 미친다고 추정된다.

기후위기와 탄소의 복잡한 흐름은 풀어낼 수 없을 만치 복잡하게 연결되어 있다. 산업 시대 이래로 대기에 추가된 탄소량은 지구에 축적된 탄소 총량에 비하면 미미하다. 0.00004퍼센트도 안 된다. 이는 대기가 추가되는 탄소에 얼마나 민감한지를 잘 보여준다. 의심하는 이들은 그런 변화가 어떻게 차이를 빚어낼 수 있겠냐고 불신한다. 그럴 만도 하다. 대기 이산화탄소가 280ppm에서 425ppm으로 늘어났다고 그렇게 엄청난 영향이 미친다고? 미미한 변화처럼 보이는데? 그러나 인체도 그에 못지않게 민감하다. 에스트로겐estrogen, 테스토스테론testosterone, 프로게스테론progesterone, 코르티솔cortisol, 인슐린insulin, 멜라토닌melatonin 등 우리의 기분, 체중, 충동, 성욕, 수면, 대사 건강을 결정하는 호르몬들은 우리 몸에서 물방울 하나의 수백 분의 1에 불과한 양으로 그런 효과를 일으킨다.

사람의 세포뿐 아니라 동식물을 포함한 모든 생물의 세포는 단 하나의 사건에서 유래했다. 25억 년 전의 바다에는 비슷한 형태의 두 가지 탄소 기반 단세포 미생물이 존재했다.

바로 세균bacteria과 고세균archaea이다. 이들은 뚜렷한 목적 같은 것을 전혀 지니지 않은 아주 작은 얼룩 같았다. 수가 많긴 했지만, 이들은 뼈대도 세포핵nucleus도 에너지 생산 기구도 전혀 지니고 있지 않았다. 고세균은 해저 열수 분출구와 온천에 의지해 살아간 반면, 세균은 바다에 떠다니는 아미노산과 탄소화합물을 먹이로 삼았다.

두 미생물은 어느 시점에 융합되어 진핵생물eukaryote을 만들었다. 빛과 이산화탄소를 산소와 에너지로 전환할 수 있는 생물이었다. 새로 출현한 이 세포는 한없이 증식했다. 그리고 서로 얽히고 교류한 끝에 이윽고 달라붙고 뭉쳐서 다세포생물multicellular organism이 되었다. 초기 형태는 기어다니는 미세한 벌레 같았고, 이들은 이윽고 뱀장어, 바닷가재, 나무, 나무늘보, 나방, 독수리, 당신과 나로 진화했다. 최초의 융합은 어떻게 이루어졌을까? 무수히 시도를 했지만, 과학은 아직 실험실에서 고세균과 세균의 융합을 재현하지 못했다. 모든 생명의 역사를 거슬러 올라가면 이 하나의 돌연변이 세포에 가 닿는다. 에덴 창조에 맞먹는 듯한 이 세포의 출현을 에드 용Ed Yong은 "경이로울 만치 불가능한" 사건이라고 했다.

생물들이 여러 개의 팔다리, 지느러미, 물갈퀴, 날개를 갖추고 복잡해져 갈 때, 공생은 미생물 세계에 보답을 했고, 모든 생물은 미생물의 서식지가 되었다. 우리 창자에만 조 단위의 미생물이 살며, 우리의 정신 건강과 신체 건강도 그들의 독특한 기능에 전적으로 의존한다. 인체는 생명의 공동체이며, 그들이 없다면 우리는 죽는다. 다른 모든 생명체들도 마찬가지다. 공동체야말로 우리가 직면한 위기를 해결하는 데 꼭 필요한 단어다.

탄소의 저장과 흐름을 우리에게 이로운 방향으로 바꿀 수 있을까? 그렇다. 우리가 흐름 전체에 주의를 기울인다면 그렇다. 미생물에서 세포로, 곰팡이에서 식물로, 농장에서 주방으로, 숲에서 밭으로, 가정에서 공동체로, 공장에서 상거래로, 정부에서 문화로 이어지는 흐름 전체를 말한다. 미국의 작가이자 언론인 서배스천 융거Sebastian Junger의 말을 인용해보자.

"우리가 사회의 혜택을 누리면서 아무런 대가를 치르지 않아도 된다는 개념은 말 그대로 유아적이다. 아이들만이 아무런 빚이 없다."

우리는 저 위가 아니라, 여기 아래에 있는 것에 초점을 맞출 필요가 있다. 자원의 대규모 채취, 부의 집중, 금융 패권, 정치 부패, 식량의 상품화, 문화 박탈, 인간 착취, 환경을 배

제시키는 경제학이라는 터무니없는 '비극적 과학'에 말이다. 우리는 아이들에게 이 위기의 모든 원인들을 이야기할 의무가 있다. 이는 대부분의 기후과학자가 회피하거나 주저하는 영역이다.

제3장

탄소의 탄생
:
우리는 죽은 별들의 후손이다

우주에 있는 마음의 총 개수는 하나다.

에르빈 슈뢰딩거 Erwin Schrödinge

우리가 별 먼지로 이루어져 있다는 잘난 체하는 말은 학술적으로 참이다. 인체에는 약 44×10^{27}개의 분자가 들어있는데, 이 개수는 이해 범위를 벗어날 뿐 아니라 객관적으로 볼 때도 의미가 없다. 우리가 핵폐기물로 이루어져 있다는 말도 마찬가지로 참일 것이다. 그 분자들은 생애의 마지막에 다다를 때 팽창한 적색거성의 내부에서 기원했으니까. 우리 태양도 언젠가는 같은 운명을 맞이할 것이다. 태양의 중심은 주로 수소와 헬륨helium으로 이루어져 있고, 핵융합nuclear fusion으로 에너지를 뿜어낸다. 우주에서 가장 풍부한 원소인 수소 원자 두 개가 융합해서 헬륨 원자(알파입자라고도 하는) 하나가 된다. 헬륨은 우주에서 두 번째로 풍부한 원소다. 이 융합이 2대 1로 완벽하게 들어맞는 것은 아니다. 두 원자가 융합할 때 중성자 하나가 남아서 튀어나오며, 이때 엄청난 양의 에너지도 함께 생성된다. 수소 약 255그램으로 세계경제를 한 달 동안 가동할 수 있다. 해변에서의 일광욕은 별 목욕이라고 하는 편이 더 정확할 것이다.

수십억 년 동안 별의 중심에서는 강한 열과 중력압에 쉴 새 없이 핵반응이 일어나면서 산소, 질소, 황sulfur, 소듐sodium 등 점점 더 무거운 원소들이 생성된다.[1] 각 원소가 생길 때마다 더욱더 에너지가 방출되면서 태양의 화롯불을 더 키우고 원소 변환 속도도 증가한다. 이 과정은 스물여섯 번째 원소가 출현할 때까지 지속된다. 바로 철이다. 철iron을 이루는 양성자, 전자, 중성자는 반응성을 띠지만, 더 가벼운 원소들과 달리 철은 핵반응을 일으킬 때 에너지를 흡수할 뿐 전혀 방출하지 않는다. 별의 철이 임계질량critical mass에 이르면, 에너지 생산이 멈춘다.

융합로가 꺼지고, 기존 체계가 뒤집히고, 열이 사라지고, 밝게 빛나던 별은 4분의 1초 사이에 붕괴하여 장엄한 초신성supernova이 되어 몇 달 동안 빛을 뿜는다. 매초에 우주 어딘가에서 초신성의 분출로 원소들이 우주 공간으로 뿜어지며, 이 원소들은 성운을, 즉 황, 아르곤, 코발트, 납, 그래핀, 금을 포함하고 있는 길이 수조 킬로미터의 우주 먼지구름을 형성한다. 우주에서 벌어지는 창조 작업이 얼마나 방대한지 감을 잡으려면, 매일 태양이 8만 6,000개씩 폭발한다고 상상해보라.

수백 광년에 걸친 이 거대한 먼지구름은 강력한 자외선으로부터 원자 육아실을 보호하며, 수억 년 동안 우주를 여행하면서 흩어진 원소들을 다양하게 조합해서 분자들을 만들어낸다. 이윽고 성간 구름은 중력의 영향으로 가스, 먼지, 조약돌로 이루어진 복잡한 소용돌이를 형성한다. 압축시키는 중력의 회전력이 점점 커지면서 새로운 태양이 될 납작한 원반이 형성되고, 그 주위를 에워싸면서 도는 다양한 부스러기들의 혼합물은 이윽고 뭉쳐서 행성이 된다. 우리는 죽은 별의 후손이며, "텅 빈 공간과 고대의 전기로 이루어진 묶음, 양성자와 중성자와 공중제비를 넘는 전자를 지닌 상상할 수 없이 많은 양의 원자들"이다.[2] 별은 별을 낳는다. 그리고 우리도.

정상우주론과 빅뱅 이론

1950년대에는 원소들이 빅뱅 때 한꺼번에 생성되었다고 가정하는 이론이 우세했다. 천체물리학자 프레드 호일Fred Hoyle은 BBC와 인터뷰를 할 때 조롱하기 위해 빅뱅이라는 용어를 만들어냈다. 호일은 우주가 저절로 터져서 출현했고, 짧은 순간에 모든 원소들을 다 만들어냈다는 개념이 터무니없다고 보았다. 그는 우주에 시작 같은 것은 없다고 여겼다. 팽창하는 우주에서 끊임없이 새로운 별과 은하가 생겨난다는 정상우주론steady-state model을 믿었다. 그 개념은 그의 무신론과 들어맞았다. 그러나 정상우주론은 결국 밀려났다. 우주의 탄생은 어느 한 시점으로 거슬러 올라갔고, 그 특이점은 약 138억 년에 출현했다. 2023년에 제임스 웹 우주 망원경James Webb Space Telescope으로 135억 년 전의 우주를 살펴본 천문학자들은 그 시기까지 생성되지 못했을 것이라고 여겨지던 은하들이 이미 존재했음을 발견했다.[3]

힌두교와 불교의 우주론에서 보면, 빅뱅 이론Big Bang theory과 정상우주론은 둘 다 옳다. 서양 우주론에 비해, 고대의 가르침들은 상상도 할 수 없는 규모의 시간을 제시한다. 그 한없는 시간 속에서 우주가 팽창하고 수축되는 주기인 마하 칼파maha kalpa가 수백만 번 되풀이된다. 마하 칼파는 100년에 한 번 비둘기가 꼭대기까지 날아가서 비단천으로 한 번 쓸어내는 과정을 통해 에베레스트보다 3배 높은 산이 이윽고 평지가 되기까지 걸리는 시간이다. 약 311조 년이다. 무한의 비유다. 이 우주론에서 보면, 빅뱅은 그저 우주의 무한한 맥동 중 가장 최근의 것에 불과하다.

탄소는 어디서 왔는가

우주론이 어떻든 간에, 과학자들은 탄소의 존재를 놓고 당혹스러워 했다. 탄소가 빅뱅 때 만들어지지 않았다면, 별에서 만들어져야 했다. 그런데 어떻게? 처음에는 알파입자alpha particle(헬륨) 3개가 융합되어 탄소 원자가 된다고 가정했다. 알파입자는 양성자 2개와 중성자 2개를 지닌다. 따라서 3을 곱하면, 양성자 6개와 중성자 6개를 지닌 탄소 원자가 된다. 수학적으로는 완벽했지만, '에너지 상태'를 따지자 이 융합이 이루어질 수 없다는 것이 드러났다. 각 원자핵은 특정한 수의 양성자와 중성자를 지니며, 핵의 조성에 따라서 그 안에 든 에너지의 양이 정해진다. 양성자와 중성자의 배치가 달라짐에 따라서, 계단의 단들처럼 에너지 상태도 달라진다. 물리학자는 원자의 다양한 에너지 상태를 '공명resonance'이라고 한다. 알파입자 3개는 공명이 맞지 않아서 탄소가 될 수 없다.

  원자는 거의 텅 빈 공간으로 이루어져 있고, 유달리 강한 자기력으로 서로를 밀어낸다. 원자들이 서로 밀어내지 않는다면 우리가 진흙을 밟을 때에도 융합이 일어날 것이고, 지구는 야구공만 할 것이다. 아무튼 의문은 해결되지 않았다. 더 가벼운 원소로부터 어떻게 탄소가 생겼을까? 호일은 그 수수께끼에 흥미를 느꼈다. "자연계에서 우리가 탄소에 둘러싸여 있고, 우리 자신이 탄소 기반 생명이므로, 별은 탄소를 만드는 매우 효과적인 방법을 발견했을 것이 틀림없다. 나는 그것을 찾아보기로 했다." 그가 그 계산을 해냈다고 말할 수도 있다. 그는 알파입자 2개가 융합해서 베릴륨beryllium이 된다는 것을 알았다. 이 형태의 베릴륨은 극도로 불안정해서 빨리 붕괴하여 알파입자로 돌아간다. 물리학에서 '빨리'는 일상적인 의미와 좀 다르다. 계산하니 헬륨 원자 2개가 융합한 뒤 세 번째 알파입자와 다시 융합할 수 있는 시간은 1조×1조 분의 1초(0.0000000000000000968초)라고 나왔다. 호일은 세 번째 알파입자가 이 무한히 짧은 순간에 불안정한 베릴륨과 충돌한다면, 그 반응이 원소들의 공명을 바꾸어서 탄소로 융합한다고 주장했다.

  당시의 논쟁과 불확실성을 돌이켜본 천체물리학자이자

언론인 마커스 초운Marcus Chown은 호일의 개념이 과학에서 나온 "가장 터무니없는 예측"이라고 했다. 동료들이 터무니없다고 여겼다는 말을 달리 표현한 것이다.[4] 1953년 호일은 캘리포니아 공과대학교Caltech, 이하 칼텍에서 별의 물리학을 주제로 강연할 때, 헬륨에서 철까지 이어지는 원소 합성 과정을 제시했다. 칼텍의 과학자들은 몹시 불신하는 태도를 보였다. 그를 핵물리학에 관해 사변을 늘어놓는 천문학자라고 여겼다. 물리학자 워드 웨일링Ward Whaling은 처음에 그가 "말을 하면서 그때그때 꾸며내는" 양 들린다고 하면서 그의 강연을 폄하했다. 별의 특성에 관한 그의 이론들을 그냥 대놓고 비난한 이들도 있었다. 그의 이론을 우스꽝스럽다고 여긴 이들도 있었지만, 호일은 자기 이론이 옳다고 굳게 믿었다. 탄소를 생성할 다른 경로를 상상하기란 불가능하다고 주장했다. 그는 과학자들에게 자신의 이론을 검증해보라고 압박했다.

우주에 있는 가스의 스펙트럼 분석에서 그가 상상한 형태의 에너지를 지닌 탄소가 전혀 검출되지 않았다는 점도 그의 이론을 더욱 회의적으로 보게 했다. 그런 회의론자였던 핵물리학자 윌리 파울러Willy Fowler는 검증해보라며 졸라대는 호일에게 계속 시달리다가, 결국 실험 팀을 꾸려서 호일이 말하는 들뜬 에너지 상태의 탄소를 만들 수 있는지 알아보기로 했다. 파울러는 세계에서 가장 명석한 핵물리학자들과 함께 그 이론을 검증하러 나섰다. 그들은 거대한 자석이 든 몇 톤에 달하는 거대한 질량분광기 spectrometer를 폭이 1.2미터인 통로로 옮겨야 했다. 게다가 직각으로 꺾이는 곳도 두 군데 있었다. 대학원생들은 테니스공 수백 개 위에 철판을 올린 뒤, 그 위에 장치를 올려서 천천히 밀었다. 뒤로 나오는 공들을 주워서 계속 앞으로 갖다놓으면서 그렇게 했다. 호일이 데이터를 꾸며냈다고 믿는 워드 웨일링도 연구진의 일원이었는데, 그는 반응을 역순으로 진행했다. 질소에 수소 동위원소를 충돌시켜서 양성자를 떼어내 탄소를 만드는 식이었다. 3개월 동안 집중적인 연구를 한 끝에 파울러 연구진은 호일의 터무니없는 예측이 옳았음을, 들뜬 상태의 탄소가 존재한다는 것을 확인했다. 웨일링 연구진은 미국물리학회에 논문을 낼 때 호일의 이름을 맨 앞에 적었다. 그 뒤로 칼텍에서 호일의 평가와 대우는 극적으로 달라졌고, 파울러와 호일은 평생 친구로 지냈다.

미세 조정이 낳은 생명의 오케스트라

알파입자(헬륨)가 어떻게 탄소로 전환될 수 있는지가 밝혀지자, 알파입자가 추가되면서 다른 핵심 원소들이 만들어지는 과정들도 규명되었다.[5] 베릴륨에 양성자 2개와 중성자 2개를 추가하면 탄소-12가 되고, 다시 추가하면 산소-16이 되는 식으로, 네온-20, 마그네슘-24, 실리콘-28, 아르곤-36, 칼슘-40까지 죽 만들 수 있었다. 반대 방향으로 산소-16에서 양성자 2개를 떼어내면 질소-14가 된다. 아미노산은 탄소, 산소, 질소 세 원소를 지닌다. 호일은 탄소 합성의 과정만 예측한 것이 아니었다. 그는 생명의 필수원소들이 어떻게 기원하고 적색거성에서 어떻게 기본 성분들이 만들어지는지도 파악했다. 별이 이윽고 붕괴해서 초신성으로 폭발할 때, 탄소와 그 후손 원소들은 우주로 흩뿌려진다. 분자 씨앗이 바람에 날리는 민들레 홀씨처럼 흩어진다.

죽어가는 별의 탄소 합성 엔트로피 상태를 지금은 호일 상태Hoyle state라고 한다. 호일 상태에서 한순간 별나게 생겨났다가 사라지는 베릴륨 핵 약 2,500개 중 겨우 하나만이 살아남아서 1조×1조 분의 1초 사이에 탄소 원자가 된다. 그럼에도 탄소는 풍부하다. 지구의 맨틀에는 18경 5,000만 톤의 탄소가 들어있다.[6] 대기에도 5,850억 톤, 토양에는 2조 5,000억 톤, 식물에는 4,500억 톤이 들어있다. 호일은 원래 우주에 신이나 어떤 고등한 힘이 있다는 개념을 비웃었다. 생명은 원자, 분자, 화학이 우연히 무작위로 들어맞아서 출현했고, 우주를 다른 식으로 본다는 것은 현실을 회피하려는 '필사적인 시도'에 불과하다고 보았다. 하지만 발견을 한 뒤에 생각이 바뀌었다. "이 사실들을 상식적으로 해석하자면 초지성이 물리학뿐 아니라 화학과 생물학에도 손을 댔다는 뜻이며, 자연에 우리가 언급할 가치가 있는 맹목적인 힘 따위는 전혀 없음을 가리킨다. 그 사실들을 토대로 계산한 값들은 거의 의문의 여지없이 압도적으로 이 결론을 지지하는 듯하다." 그러나 그의 동료들에게는 의문의 여지가 있었다. 호일은 우리의 이해 범위를 넘어서는 힘(지성)이 있다고 시사하는 바람에 과학계에서 신뢰를 잃었다. 처음에 의심했음에도 결국 호일의 예측이 옳다는 것을 증명한 윌리 파울러가 1983년 노벨상을 받을 때 호일이 제외된 이유도 그 때문임이 분명했다.

오늘날 물리학자들은 생명의 토대를 조성하는 데 필요한 유형의 우연의 일치들을 이야기할 때, 가장 작은 아원자입자에서 태양의 중력장에 이르기까지 특정한 대칭, 공명, 기울기, 값이 들어맞은 덕분이라고 말한다.[7] 케임브리지대학교 물리학자 스티븐 마이어Stephen Meyer는 물리학자들이 "우주의 생명이 지극히 있을 법하지 않은 힘들과 특징들의 집합과 그들 사이의 극도로 있을 법하지 않은 균형에 의존한다는 것을 발견했다"며 이렇게 썼다.

"물리학의 근본적인 힘들의 정확한 세기, 우주가 시작될 때 물질과 에너지의 배치, 우주의 다른 많은 특성들은 생명의 가능성을 허용하는 쪽으로 절묘한 균형을 이루고 있는 듯하다. 이런 특성들이 아주 조금만 달랐다면, 복잡한 화학과 생명은 존재할 수 없을 것이다."[8]

물리학자들은 10여 가지의 있을 법하지 않은 우연의 일치가 나타나는 우주에 이름도 붙였다. 지성보다는 경주차 엔진을 더 떠올리게 하는 이름이다. 바로 '미세 조정fine-tuning'이다. 호일, 파울러, 웨일링이 상상하고 추론하고 마침내 입증한 공명과 불가능한 조화를 교향곡에 비교할 수도 있을 것이다.

교향곡은 목소리들과 악기들이 정확히 같은 순간에 동일하면서 상보적인 진동수로 합쳐질 것을 요구한다. 구스타프 말러Gustav Mahler의 80분짜리 교향곡 〈부활Auferstehung〉 초연 때에는 가수 858명과 연주자 171명이 동원되었다. 모두 완벽하게 들어맞는 음과 박자로 한 지휘자의 손짓에 따라 세심한 배려와 연결성을 생각하면서 노래하고 연주했다. 들어본 적이 없다면 마지막 악장을 들어보시라. 물리학자들은 생명의 오케스트라에 이바지하는 공명과 배치를 만드는 우주가 나올 가능성이 거의 있을 법하지 않은 수준으로 낮다고 계산한다. 그럼에도 우리는 여기 있다. 이 글을 쓰는 나와 읽는 독자도.

제4장

생명이란 무엇인가

:

생명의 정의에 관한 과학 논쟁

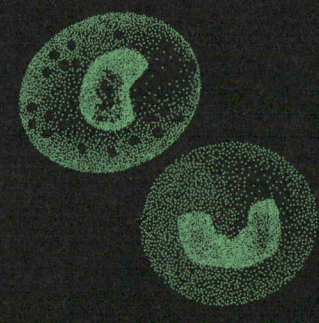

심지어 지금도 우리는 살아있는 물질 덩어리와
죽은 물질 덩어리의 차이가 무엇인지를
사실상 설명할 수가 없다.

사라 이마리 워커 Sara Imari Walker

내가 네 살 때, 봄에 보이는 도롱뇽, 느릿느릿 움직이는 개구리, 쪼르르 돌아다니는 올챙이는 사실상 가족이었다. 나는 시냇물 옆에 앉아서 소금쟁이와 물벌레를 하염없이 지켜보곤 했다. 한번은 거리로 굴러간 공을 찾으러 가다가 토르티야처럼 납작해진 개구리를 발견했다. 개구리의 반점과 혹에 오돌토돌 타이어 자국이 나있었다. 이 파충류의 다리들은 사방으로 쭉 뻗쳐있었다. 나는 개구리가 〈뻐꾸기 왈츠〉를 틀면서 동네를 돌아다니는 아이스크림 트럭에 치였을 것이라고 확신했다. 말라붙은 사체는 마분지만큼 얇고 웨이퍼만큼 가벼웠다. 나는 도로에서 개구리를 떼어내서 엄마한테 보여주러 달려갔다. 엄마는 개구리를 쓰레기통에 버리고 내

손을 씻겼다. 나중에 나는 쓰레기통을 뒤져서 토르티야 모양의 개구리를 다시 꺼내 침대 밑 내 보물 상자에 넣었다. 상자에는 달팽이 껍데기, 누더기가 된 나비 날개, 내 손에서 달아나면서 떼어놓은 도마뱀의 꼬리도 들어있었다. 그 전리품이 있음에도, 나는 무언가가 죽을 수 있다는 점을 온전히 이해하지 못했다. 그 뒤에 깨달았을 때 나는 충격을 받았고, 너무나도 싫었다. 강박과 불안 증세가 나타났다. 그것은 내 누이, 개, 엄마도 죽을 수 있다는 뜻이었다.

달이 빛나는 어느 날 밤, 나는 위에서 들려오는 개구리 소리에 잠이 깼다. 잠옷 차림으로 밖으로 뛰어나가서 보니, 지붕에서 새 한 마리가 휘파람을 불고, 짹짹거리고, 노래하고, 재잘거리고 있었다. 새는 귀뚜라미, 까마귀, 어치, 할아버지의 삐걱거리는 풍향계, 개구리를 흉내 내면서 마치 이렇게 말하는 양 머리를 위아래로 까딱거렸다. "여기서 세상에서 가장 즐거운 시간을 보내는 중이야." 나는 신이 내 앞에 나타났다고 생각했다. 정말이다. 어릴 때에는 신이 가까이 보이는 법이다. 신이 새일 수도 있지 않나? 주름 철판 지붕에서 밤새도로 그렇게 즐겁게 노래하며 춤추는 새가 신이 아닐 리 없지 않나? 아침에 나는 흥분해서 할아버지께 달려가서 그 이야기를 했다. 할아버지는 다정하게 고개를 끄덕이며 귀를 기울였고, 잠시 뒤에 말하셨다. "얘야, 그건 흉내지 빠귀야."

학교에서 우리는 생명이 생존경쟁을 한다고 배웠다.[1] 협력이라는 단어는 과학 수업 때 나오지 않았고, 학교에서도 거의 본 적이 없었다. 우리는 팀이 아니라 개인별로 상대평가를 받았다. 우리는 성 프란체스코가 아니라 다윈을 배웠다. 운동장에서의 모욕, 악행, 괴롭히기, 때때로 벌어지는 구타는 교실에서 배운 것이 맞음을 입증했다. 저녁에는 각 지역 전쟁과 경제 혼란의 상황을 상세히 전하는 뉴스가 들리곤 했다. 그러나 나는 사과나무들에서, 집 옆 개울에서, 저녁에 소나무에 앉아서 깍깍거리는 까마귀들에서는 갈등을 본 적이 없었다. 두 세계가 있는 듯했다.

생물과 무생물의 구분

예전에 생물학자들은 생명을 명확히 정의했다. 운동, 번식, 대사, 에너지, 지각, 막, 조직 체계를 갖춘 것이 생명이라고 했다. 이런 속성들은 모습, 종, 크기에 상관없이 모든 생물이 공통으로 지닌다고 했다. 그러나 최근에 이루어진 생물학적 발견들 때문에 더 이상 명확히 그렇다고 말할 수 없게 되었다. 널리 받아들여진 생명의 정의가 더 이상 없기 때문에, 생물학은 자신이 연구하는 대상이 무엇인지 정확히 말할 수 없는 유일한 과학으로 남아있다. 이는 우리 개인의 경험과 대조를 이룬다. 우리의 생명 지각은 즉각적이고 본능적이다. 모든 생물이 그렇다. 생명은 화학이다. 세포에는 끊임없이 상호작용 하는 분자가 조 단위로 들어있다. 미생물이든 바다소든 간에, 모든 생물의 세포는 탄소의 온상이다. 세포에 든 분자들은 생명이 없으며, 뒤얽힌 복잡한 세계를 구성하는 대사 도구metabolic tool들이다. 하나의 세포에 들어있는 수조 개의 무생물 분자들이 어떻게 유정성을 띠게 될까? 이 분자들 중 어느 것도 살아있지 않지만, 세포는 살아있는 유기체이며, 이는 아직 설명되지 않은 현상이다.

지난 수십 년 동안 생물학 연구는 살아있는 세계의 범위를 확장했다. 1969년 극한 생물extremophile이 발견되었다. 그 전까지 알려진 생명체들은 결코 견디지 못할 수준의 열, 추위, 압력 조건에서 살아가는 미생물들이었다. 극한 생물은 남극대륙의 빙원 아래 800미터에 잠겨있는 호수와 해저 580미터 지하에 묻힌 암석에도 산다.

완보동물tardigrade은 흔히 곰벌레나 물곰, 아기이끼돼지라고도 하는 아주 작은 동물이다. 통통한 모충caterpillar처럼 생겼는데, 언뜻 보면 외계 생물 같다. 완보동물은 5억 년 넘게 존재했고, 핵방사선, 기아, 산소 결핍, 뼈를 으깨는 압력도 견딜 수 있다. 완전히 탈수하면 다리가 없는 참깨처럼 보인다. 수십 년 뒤, 이 미라에 물을 흩뿌리면 뭉툭한 짧은 다리가 다시 튀어나오고 천천히 걸어서 사라질 것이다.

윤형동물rotifer은 처음에 미소동물animalcule이라고 했다. 네덜란드 델프트의 렌즈 제조 장인인 안톤 판 레이우엔훅Antonie van Leeuwenhoek이 만든 용어다.[2] 미생물학의 아버지라고 알려진 그는 고배율 렌즈를 갖춘 정밀 현미경을 제작함으로써 과학에 첫 기여를 했다. 당시 최고의 현미경보다 배율이 10배나 더 높았다. 그의 두 번째 기여는 그 누구도 생각도 못한 곳을 살펴봄으로써 이루어졌다. 1674년 그는 빗물 한 방울을 현미경의 유리판에 떨구었고, 그 안에서 미생물, 원생동물, 세균이 빠르게 돌아다니는 모습을 최초로 관찰한 사람이 되었다. 그는 이렇게 썼다. "내 눈앞에 펼쳐진 광경에 더할 나위 없이 희열을 느꼈다." 너무나 기뻤지만, 그는 자신이 본 것을 남들에게 알리기를 주저했다. 당시 그의 발견은 의심을 받을 만했기 때문이다. 초등학교 수준의 교육을 받은 이 현미경 장인은 이윽고 용기를 내어 런던 왕립협회Royal Society in

London에 편지를 썼다.³ 협회는 몹시 회의적이었지만 이윽고 대표단을 보냈고, 그들은 미생물이 활기차게 돌아다니는 모습을 직접 눈으로 확인했다. 그 일은 과학계를 바꿔놓았다.

몇 년 뒤 판 레이우엔훅은 빗물받이 홈통에서 윤형동물을 발견했다. 납작한 작은 꼬리가 달려있고 머리가 양쪽으로 갈라져 있는 동물성 플랑크톤이었다. 그가 여름의 열기에 홈통에 말라붙은 먼지에 물을 섞었더니, 윤형동물이 되살아났다. 2021년 한 과학자는 러시아 북극 지방에서 2만 3,960~2만 4,485년 된 윤형동물을 채집했다. 얼어붙었던 것을 녹이자, 이 고대의 윤형동물은 되살아나서 번식을 시작했다.

바이러스는 완보동물이나 윤형동물보다 더 널리 퍼져있지만, 생명체라고 분류되지 않는다. 국제바이러스분류위원회는 바이러스가 생물이 아니라고 공언한다. 바이러스는 살아있지 않으므로, 우리는 '거주자resident'라는 용어를 써야 한다. 즉 바이러스는 살아있는 세포에 거주하면서 이롭거나 해로운 영향을 미칠 수 있는데, 대체로 우리는 그 과정을 제대로 이해하지 못하고 있다. 바이러스는 세포에 비해 아주 작다. 엠파이어스테이트빌딩 앞에 서있는 어린이와 비슷하다. 바이러스는 생물 안팎으로 쉽게 드나든다. 바이러스는 먹지도 자라지도 않는다. 바이러스의 유전체는 세포의 구조를 바꾸어서, 자기 자신을 수백만 마리 생산하도록 만든다. 그 과정에서 바이러스에 돌연변이가 일어나기도 한다. 코로나바이러스COVID-19도 이 방식으로 세계적 대유행을 일으키면서 계속 진화하고 있다. 바이러스는 1조 종을 넘는다고 추정된다. 우리 창자, 피부, 눈, 털, 입, 장기에도 수십억 마리가 퍼져있다. 바이러스는 평판이 안 좋다. 천연두, 소아마비, 에볼라처럼 사람의 건강을 심하게 해치는 바이러스들이 있다. 그러나 과학자들은 다른 이야기를 들려준다. 바이러스가 없다면 생명은 존재하지 못할 것이라고. 우리 몸속에 있는 바이러스들 전체를 바이러스체virome라고 한다. 과학 저널리스트 칼 짐머Carl Zimmer는 이렇게 썼다.

"바이러스가 무생물이라면, 무생물성이 우리의 존재에 꿰매여 있다."[4]

생명의 본질을 찾아서

1992년 미국항공우주국NASA은 우주, 즉 우리 태양계와 그 너머에 생명이 있는지 탐색할 준비를 시작했다. NASA는 외계생물학 부서를 설치했고, 그곳의 미생물학자들은 검출 가능한 화학물질 중에서 생명의 존재를 알려줄 만한 것이 무엇인지 조사했다. 생물학계는 생명이 무엇인지 다양한 정의를 제시했지만, NASA는 외계 생명체의 존재 유무를 알려줄 명확하고 실용적인 정의를 원했다. NASA는 최고의 생물학자들로 연구진을 꾸려서 그 어느 기관보다도 이 문제를 집중적으로 연구했다. 이윽고 과학자들은 폭넓은 합의를 도출했다. 생명이 환경에서 에너지를 추출하고, 스스로를 복제하고, 막을 지니고, 바깥 세계에 반응하고 대처하며, 물질을 대사하고 노폐물을 배출하고, 물을 필요로 하고, 탄소에 토대를 둔다는 것이다. NASA는 지구에 알려진 것과 다른 생명체가 있을 가능성도 예상해야 했다. 많은 논의 끝에 생물학자들은 '다윈 진화를 할 수 있는 자족적인 화학계 self-sustaining chemical system capable of Darwinian evolution'라는 포괄적인 생명의 정의를 도출했다. 지구 편향이 좀 담긴 그 정의를 바탕으로 삼아 NASA는 생명을 찾는 일에 나섰다.

2011년 러시아의 저명한 유전학자 에드워드 트리포노프 Edward Trifonov는 다양한 생명관을 통합하고자 했다. 그는 NASA의 것을 비롯한 생명의 정의를 123가지 모아서, 그 모두를 통합할 공통의 기본 주제가 있는지 살펴보았다. 단백질 구조의 전문가인 그는 다양한 정의의 언어 구조 속에 공통된 맥락이 있을 것이라고 믿었다. 그는 일곱 단어로 된 NASA의 정의를 세 단어로 압축했다. 생명은 '변이를 지닌 자기복제self-reproduction with variations'다. 간결함의 극치였다. 기존의 123가지 정의를 모두 포괄하는 듯했다. 그러나 성취의 기쁨은 오래가지 않았다. 그의 정의에 따른다면, 컴퓨터바이러스도 생명체였다.

종교도 비슷한 문제를 안고 있다. 신의 정의는 수백 가지다. 야훼, 여호와, 엘로힘, 올도두마레, 창조주, 전능자, 후, 바하, 알라, 바가반과 바가바티, 나나 불루쿠, 니랑카름, 크웨데, 추쿠, 운쿨룬쿨루. 생명의 다양한 정의들과 마찬가지로, 신의 정의들도 크게 다르지 않다. 그러나 신의 정의들에서는 공통된 이해를 도출하지 못한다. 종교가 눈에 보이지 않는 세계까지 확장되는 반면, 생명은 제 영역에 머물면서 물질 및 분자와 어울려 논다. 물리학과 화학에는 결코 어길 수 없는 원리와 상수가 있다. 반면에 생물학계는 생명을 결정하는 원리가 무엇인지를 놓고 합의를 도출하기 위해 여전히 논쟁을 벌이고 있다.

물리학자들은 원자 세계가 아원자 입자들로 이루어져 있음을 밝혀냈고, 점점 더 작은 입자를 찾아내고 있다. 생물학자들도 세포 세계에서 같은 일을 하고 있다. 그러나 그런 세세한 것들은 원자나 세포를 설명하지 못한다. 그렇다면 탄소는 우리가 상상할 수 없는 방식으로 다양한 생명 과정들과 상호 연결되어 있을까? 물리학은 결코 아니라고 즉시 답한다. 생물학자도 동의할 것이다. 탄소의 흐름은 하나의 범용 원소로서 활동하는 것을 말할 뿐 그 이상의 의미를 지니고 있지 않다. 그러나 생물학과 마찬가지로 물리학도 생물과 무생물을 명확히 구분할 수 없다. 자연과학은 나누고 떼어내고 분리해서 가장 작은 구성 부분들을 살핌으로써 생명 전체를 이해하고자 애쓴다.[5] 생명은 위에서 말한 그 어떤 것도 아니다. 아인슈타인은 우리가 생명과 분리되어 있다는 인식이 의식의 착시라고 말한 바 있다.

아마 과학철학자 캐럴 클러랜드Carol Cleland가 제시한 것이 생명을 이해하는 가장 좋은 방법일지도 모른다. 그녀는 생명을 정의하려는 시도 자체가 잘못되었다고 확신한다. 정의는 살아있는 세계가 아니라 사전을 위한 것이다. 클러랜드는 우리가 자연 속의 생명이 아니라 생명의 본질을 이해해야 하며, 그러려면 생명의 하나의 계system로서 이해해야 한다고 믿는다. 생태계든, 황이 함유된 해저 분출구의 극한생물 집단이든, 우리 창자의 미생물 공동체든 간에 말이다. 나는 이 목록에 원주민 문화도 추가하고 싶다. 그들도 지속성을 띠는 살아있는 계이기 때문이다. 또 아테네와 교토를 비롯한 유서 깊은 도시도 포함시키지 않을 이유가 없지 않을까? 마찬가지로 오래 존속하는 살아있는 계가 아닌가?

화성 탐사와 가이아 가설

1961년 영국 과학자 제임스 러브록James Lovelock은 NASA의 자문위원으로서 외계 행성의 대기와 표면에 생명이 존재하는지 유무를 검출할 수 있는 아주 민감한 장치를 개발하는 일을 했다. 탐사선을 우주로 보낼 행성 탐사 계획이 출범할 무렵이었다. 두 부분으로 이루어진 탐사선을 화성으로 보내어 먼저 상공에서 경관 사진을 찍고, 이어서 착륙해서 토양 표본을 분석하는 것이 첫 번째 목표가 되었다.

화성은 지구에서 두 번째로 가까운 행성이며, 밀라노의 브레라 천문대 대장인 이탈리아 천문학자 조반니 스키아파렐리Giovanni Schiaparelli가 1878년 화성 표면에서 카날리canali를 발견했다고 발표한 이래로 많은 관심을 받아왔다.[6] 카날리는 수로를 가리키는 이탈리아어다. 그런데 그 단어가 '운하canals'라고 잘못 번역되는 바람에 화성에 문명이 존재함을 시사하게 되었다.[7] 1895년 천문학자 퍼시벌 로웰Percival Lowell은 바로 그 곧게 뻗은 물길을 관측했고, 화성인이 그 운하로 극지방의 물을 적도 지방까지 끌어오는 것이라고 믿었다. 자신이 관측한 것을 상상력을 담아 해석할 때, 그는 운하가 교차하는 지점에 "부자연스러운 특징들"과 오아시스가 있다는 말까지 했고, 화성이 "생명의 거주지"라는 사변적인 글까지 썼다.[8] 그 뒤에 레이 브래드버리의 『화성 연대기』, 로버트 하인라인의 『낯선 땅 이방인』 등 외계 생명체를 상정하는 이제는 고전이 된 문학작품들이 등장했다. H. G. 웰스의 『우주 전쟁』이 1938년 할로윈 당시 미국 CBS 라디오로 낭독될 때 뉴저지 주민들은 실제로 화성인이 침공했다는 생방송 뉴스라고 여기고 공황 상태에 빠지기도 했다. 바이킹 탐사 계획Viking mission이 발표될 즈음에는 사람들이 붉은 행성에 숨겨진 세계가 있다는 환상을 버린 지 오래였다. 그래도 사람들은 여전히 그곳에 생명의 흔적이 남아있을지 여부에 강한 호기심을 갖고 있었다.

NASA는 바이킹 계획에 따라서 1976년 화성 탐사선 두 대를 발사했다. 양쪽 다 러브록의 장치와 검출기를 싣고 있었다. 두 궤도 탐사선은 사진을 찍어서 착륙하기에 좋은 곳을 찾아낸 뒤, 작은 삽, 즉 창의적으로 고안된 실험실 안에 흙을 떠넣도록 고안된 소형 굴착기를 탑재한 착륙선을 내려보냈다. 실험실에는 균류, 미생물, 외계 생물이 원할 만한 영양소를 함유한 세 종류의 '수프'가 들어 있었다. 몇 시간 뒤 탐사선은 방출되는 기체를 분석해서, NASA의 과학자들에게 전송했다.

검사 결과는 모호했다. 생명을 지닌 행성의 대기는 화학적으로 볼 때 역동적인 반응물과 기체의 혼합물일 것이다. 그런데 검사 결과는 화성의 대기가 안정적이고 거의 죽은 상태임을 보여주었다. 이산화탄소가 대부분이고 미량의 산소, 메탄methane, 수소가 섞여있었다. 생명체가 아예 없다는 의미였다. 그래도 의문은 남아있다. 화성에 예전에는 생명이 존재했을까?

제임스 러브록이 103세를 일기로 세상을 떠난 지 한 달 뒤인 2022년 9월, NASA는 화성에 보낸 퍼서비어런스Perseverance 호가 고대의 강 삼각주에서 화성에 과거에 생명이 번성했음을 드러낼 수도 있는 퇴적암 표본을 네 개 채취했다고 발표했다. 미국과 유럽의 우주탐사 기관들은 2033년까지 예제로 크레이터Jezero Crater에 탐사선을 보내어 암석을 채취해 지구로 가져와 분석할 계획이다.

바이킹호를 발사하기 전에 러브록은 생명체가 대기와 상

호작용 하여 그 조성을 바꾼다는 것을 알아차렸다. 러브록은 몇몇 동료들과 대양의 식물성 플랑크톤들이 대기에 어떤 영향을 미치는지를 연구하고 있었다. 연구진은 대기가 생물들이 내뱉은 숨의 결과물이 아니라, 식물성 플랑크톤이 음의 되먹임 고리negative feedback loops를 통해 대기를 변화시키고 조정한다고 결론지었다. 대기가 더워지면, 식물성 플랑크톤은 불어나면서 이산화탄소를 더 많이 흡수한다. 대기가 차가워질 때, 식물성 플랑크톤은 수가 줄어든다. 이는 공생이었다. 두 생물 사이에 상호 혜택을 주는 관계 말이다. 대기가 생물이 아니라는 점만 다를 뿐이었다. 그러나 생물권과 대기 사이의 복잡한 상호작용과 되먹임을 하나의 생물로 본다면, 공생이라는 말도 납득이 갔다. 에릭 로스턴은 이렇게 썼다.

"지구는 본질적으로 닫힌 물질계다. 탄소, 물, 기타 물질들의 양은 아마 지구가 형성되었을 때와 거의 똑같을 것이다. 이 관점에서 보면, 진화는 (…) 대기, 대양, 육지 사이를 재배선하면서, 지구 시스템을 관통하는 탄소의 경로를 관장하는 팽창 수축 조절자다."[9]

러브록은 자신의 연구, 앨프리드 화이트헤드Alfred Whitehead 및 이블린 허친슨Evelyn Hutchinson과 함께한 연구를 토대로 가이아 가설Gaia hypothesis을 내놓았다. 이 가설은 지구가 서로 나뉘고 경쟁하는 존재들의 행성이 아니라 하나의 살아있는 존재처럼 행동한다고 보았다. '가이아Gaia'라는 이름은 노벨문학상을 받은 작가 윌리엄 골딩William Golding이 제안했다. 대지와 모든 생명의 어머니인 그리스 여신의 이름을 땄다.

가이아 가설은 여러 형태가 있지만, 생물들 사이의 조화로운 상호작용이 생명 전체에 혜택이 돌아가도록 행성을 보호한다는 것이 핵심 개념이다. 처음 내놓았을 때 가이아 가설은 그다지 인기가 없었다. 한 과학자는 그 가설을 "유치한 뉴에이지 사상"이라고 조롱했다. 생물의 행동에 초점을 맞추어 비판하는 이들도 있었다. 종은 자신의 이익을 위해 행동하므로, 다윈 자연선택과 이기주의를 생각할 때 집단적으로 영향을 미친다는 것이 말이 안 된다고 비판했다.

그러자 인간을 포함한 생물들이 체내 안정성을 유지하는 자기 조절 과정을 통해 역동적인 평형상태, 즉 항상성homeostasis을 간직하기 때문에 살아있다는 반론이 제기되었다. 몸이 항상성을 잃으면 문제가 생기며, 질병과 죽음으로 이어질 수 있다. 우리의 자기 조절 과정에는 체온, 체액, 혈당을 조절하는 화학적·생리적 최적화 과정이 포함된다. 러브록은 행성도 동일한 특징을 지닌다고 보았다. 즉 대기를 포함한 독립적인 요소들 사이의 안정성을 추구하는 경향을 보인다는 것이다. 그의 관점은 단순했다. 지구가 "자신의 온도와 화학을 편안한 안정 상태에서 조절할" 수 있다는 것이다. 지구의 헤아릴 수도 없이 많은 생명체들이 어떻게 집단적으로 행성 항상성을 조성할 수 있을까? 타당한 질문이며, 이 질문은 다른 질문을 낳는다. 대기가 생물권에 적합한 항상성을 유지할까? 아니면 정반대일까? 가이아 가설은 양쪽 질문에다 '예'라고 답하며, 다윈 패러다임에 부합되지 않는 이해의 기본 틀을 제공한다.

가이아 가설로부터 나오는 추론은 명백하다. 지구의 맨틀이나 바다를 훼손하지 말라. 오랜 세월 채굴, 삼림 파괴, 중독, 남획, 산성화, 서식지 파괴로 훼손된 지구의 생물학적 대사를 지켜라. 동물은 엄니, 가죽, 뿔, 고기 때문에 살육되고 있다. 동물계의 상당수는 건물, 도로, 농장, 조명, 소음, 화학물질, 서식지 상실로 피해를 보고 있다. 우리는 바키타돌고래부터 강돌고래, 대왕판다, 아무르표범, 마도요, 마운틴고릴라, 숲코끼리, 갈기늑대, 심지어 흔했던 집참새에 이르기까지 많은 종들에게 작별 인사를 하는 중이다.

오염 물질이 된 빛

우리가 그다지 의식하지 못하는 영향들도 있다. 지구 생명을 보호하려면, 무기, 긴 낚싯줄, 사슬톱, 독극물, 광산, 불도저, 대저택, 유정에서 손을 떼는 것만으로는 부족하다. 우리는 소음도 죽이고 조명도 꺼야 한다.[10] 환한 불빛과 혼란스러운 소리의 난입은 조류, 곤충, 포유류의 세계를 변모시킨다. 소음과 조명은 우리와 다른 식으로 세상을 듣고 만지고 보고 아는 종들의 감각을 압도하고 혼란에 빠뜨린다.[11]

LED 전조등은 우리의 눈에도 피해를 주지만, 더 중요한 점은 밤을 왜곡하고 달을 지워버린다는 것이다. 반딧불이는 빛 오염으로 개체수가 급감하고 있다. 대형 마트만 한 주차장이 박쥐, 부엉이, 쏙독새에게 어떻게 보일지 상상해보라. 밤을 지우는 강한 LED 전구들 주위를 빙빙 도는 곤충 떼를 보라. 무척추동물의 3분의 2는 밤에 활동한다.[12] 곤충은 달과 별을 비행 안내자로 삼아서 사냥하고 꽃가루를 옮기고 짝짓기를 한다. 나방은 달과 은하수를 감지하며, 덕분에 목적지까지 곧장 날아갈 수 있다. 곤충은 가로등이나 방범등과 마주치면, 그 불빛에 빠져서 전등 주위를 빙빙 맴돈다. 그러다가 박쥐에게 잡아먹히거나, 지쳐서 떨어져 죽곤 한다.

또 부엉이는 모여든 박쥐를 덮친다.

뉴욕시는 9월 11일이 되면 세계무역센터 테러 공격 희생자들을 추모하면서 쌍둥이 건물을 상징하는 강력한 조명 두 줄기를 비춘다. 88개의 제논 탐조등이 30만 와트의 전력으로 뿜어내는 이 빛 기둥은 몇 킬로미터 상공까지 뻗어 올라가며, 약 100킬로미터 떨어진 곳에서도 보인다. '빛의 헌사 Tribute in Light'라고 하는 이 빛 기둥은 일주일 내내 켜져있으면서 딱새류, 찌르레기사촌류, 비레오새류, 솔새류, 칼새류, 딱따구리류 등 100만 마리가 넘는 이주하는 철새들을 끌어들이고 혼란에 빠뜨린다. 에드 용은 이렇게 썼다.

"이주는 작은 새들을 생리적 극한까지 내모는 힘겨운 일이다. 하룻밤 길을 잘못 들기만 해도 비축한 에너지를 다 써버려서 치명적인 결과가 빚어질 수 있다."[13]

밤에 이 조명이 켜져있는 동안 조류 애호가 수십 명이 교대로 새들의 행동을 지켜본다. 어떤 새가 건물에 부딪치거나, 길을 잃거나 빙빙 도는 양 보이거나, 빛 기둥 주위에 몰려든 새들이 1,000마리를 넘는다면, 그들은 새들이 다시 제 방향을 찾아갈 수 있도록 조명을 끈다. 몇 분 지나지 않아 새들은 행동이 달라지며, 날아서 떠난다. 휴스턴, 애틀랜타, 보스턴 같은 도시들은 코넬 조류 연구실과 공동으로 새의 죽음을 막기 위해 노력하고 있다. 참여하는 도시들은 철새가 이주한다는 알림을 받으면 고층 건물들의 조명을 끈다. 해마다 건물에 부딪쳐서 죽는 새가 6억 마리를 넘는다.

도시, 공항, 고층 건물, 다리, 가로등, 방범등은 빛의 헌사 같은 사려 깊은 조치를 취하지 않는다.[14] 빛 오염은 허파가 아니라 신경계에 피해를 입힌다. 에드 용은 이렇게 지적한다.

"빛은 안전, 진보, 지식, 희망, 선을 상징하게 되었다. 어둠은 위험, 정체, 무지, 절망, 악을 대변한다. 모닥불에서 컴퓨터 화면에 이르기까지, 우리는 더욱더 빛을 갈망한다. 빛이 오염 물질이라는 생각에 거부감이 일겠지만, 빛은 본래 속하지 않은 시간과 장소로 스며들 때 오염 물질이 된다."

거북은 수백만 년 동안 컴컴한 해안에서 부화하도록 진화했다. 밤에 알을 깨고 나온 새끼는 바다의 수평선을 향해 본능적으로 기어간다. 뒤쪽의 육지보다 수평선이 더 밝다. 그런데 다른 방향에서 야외 조명이 비치면, 새끼들은 바다가 아니라 그 방향으로 향하며, 해변에 피운 모닥불을 향해 나아갈 수도 있다.

지구를 덮은 거대한 소음

소음은 청각 오염으로서, 신경계를 교란하는 또 다른 유형의 오염이다. 카렌 바커Karen Bakker는 유행병 수준으로 존재하는 소음을 '음향 스모그acoustic smog'라고 부른다. 이 소음은 육지와 바다 양쪽으로 동물들이 살아가는 소리풍경soundscape에 상당한 영향을 미치며, 소리가 더 멀리 더 잘 퍼지는 바다에서는 더욱 그렇다. 태양과 달의 하루 주기 리듬과 마찬가지로, 소리는 신호이자 메시지다. 이 감각 정보는 살아있는 세계를 안내하고 인도한다. 인간도 마찬가지로 소리에 민감하다. 사이렌, 플루트 소리, 비명, 웃음, 무거운 금속이 떨어지는 소리, 찬송가 합창을 들을 때 우리에게는 어떤 일이 일어날까? 생물음향학의 개척자인 버니 크라우스Bernie Krause는 1979년부터 야생의 소리풍경을 녹음했다. 파괴되지 않은 온전한 서식지에 사는 생물들이 내는 삐익, 찌르르, 꺄악, 짹짹, 웅웅, 똑똑, 노래 등 온갖 소리들의 생태계 교향곡이다. 그의 녹음은 모네의 수련 그림의 청각판에 해당한다. 듣는 순간 복잡한 소리들의 울림에 푹 빠져들면서 감동에 취한다.

무엇이 소리풍경을 이루는지 더 깊이 이해하고자 크라우스와 스튜어트 게이지Stuart Gage는 소리를 세 범주로 나누었다. 생물음biophony은 생태계에 있는 생물들이 내는 소리다. 지구음geophony은 나무 사이로 흐르는 바람이나 하천의 물이 내는 소리처럼 풍경과 지질의 자연적인 소리다. 세 번째는 인간음anthrophony으로서, 인간 활동으로 생기는 소리다. 음악과 언어처럼 우리 인간이 내는 소리 중 상당수는 목적성을 띠고 한정되어 있지만, 도시민이라면 잘 알듯이 대부분의 인간음은 무질서하고 불쾌하고 혼란스럽다.

크라우스는 수십 년에 걸쳐 녹음한 소리들에서 가슴 아픈 변화가 일어나고 있음을 관찰했다. 예전에 녹음했던 고산 초원, 오래된 숲, 원시적인 습지를 다시 찾았을 때, 소리가 달라져 있었다. 주변에서 벌목이 이루어졌거나, 소리가 들리는 범위 내에 도로나 교외 주택단지가 들어섰거나, 생태계 바로 위로 여객기가 지나다니기도 했다. 크라우스의 녹음을 들으면, 온전한 생태계에서는 너구리의 낮은 소리부터 밤에 개똥지빠귀가 지저귀는 높은 소리에 이르기까지 소리 스펙트럼의 상당히 많은 영역에 걸쳐서 온갖 소리가 났다. 인간음, 즉 '인간의 시끄러움'은 자연 전체로 퍼지면서, 생물음 교향곡을 오염시키고 짓누른다. 크라우스는 라디오의 주파수와 통신 대역을 나누는 것처럼, 생태계의 주민들이 자신과 다른 종들에 맞추어서 음향 공간을 나누어 차지하는 분할이 이루어진다고 했다. 매미는 다른 대역과 경쟁하지 않기 위해 그 독특한 울음소리의 대역을 조정할 것이다.

링컨 메도Lincoln Meadow는 시에라네바다의 해발 2,000미터 높이에 있는, 훼손되지 않은 오래된 생태계였다. 그런데 한 벌목 회사가 지역사회를 설득하고 나섰다. 서식지와 종을 지키려는 주민들의 환경 감수성을 찬미하면서, 자신들은 나무를 싸그리 다 베어내지 않고 선택적으로 벌목할 수 있다고 주장했다. 크라우스는 이 소식을 듣자마자 서둘러 달려가서 벌목이 시작되기 전에 링컨 메도에서 나는 소리를 녹음했다. 1년 뒤 다시 가서 녹음하자, 풀밭을 흐르는 하천의 지구음은 여전히 들을 수 있었지만, 생물음은 거의 완전히 사라진 상태였다. 그는 그 뒤로 15번 더 돌아갔다. 겉모습은 벌목 이전과 비슷할지라도, 링컨 메도는 결코 회복되지 않았다.

인간음이 생물음과 한곳에 모일 때, 소리의 혼돈 상태가 나타난다.[15] 습지 위로 도로가 건설되면, 밤에 저속으로 달리는 디젤 엔진의 웅웅거리는 소리는 황소개구리가 내는 낮은 주파수의 짝 부르는 소리와 비슷한 음향 스펙트럼을 차지할 수 있다. 이제 피터빌트 트럭이 알파 수컷alpha male이 된다. 한때 많았던 황소개구리들은 조용히 사라진다. 크라우스는 하나 이상의 종이 내는 소리가 사라질 때 같은 서식지의 다른 종들까지 어떻게 쇠퇴할 수 있는지를 보여주었다. 이는 비행하는 항공기에서 날개에 박힌 리벳이 하나씩 빠지기 시작한다는 비유와 비슷하다. 리벳 몇 개가 빠질 때까지는 괜찮지만, 개수가 어느 수준에 다다르면 날개가 버티지 못할 것이고, 항공기는 추락할 것이다. 소음은 전 세계에서 기하급수적으로 증가하고 있으며, 살아있는 세계를 해체하는 통제 받지 않는 오염이다. 최근인 2023년에 크라우스는 지난 30년 동안 꾸준히 녹음을 한 풀밭의 큰잎단풍 아래 앉았다. 처음으로 침묵이 깔렸다. 아무 소리도 들리지 않았다. 덤불 속에서 돌아다니던 오렌지머리휘파람새, 얼룩검은멧새, 북미굴뚝새, 우는비둘기가 모두 사라지고 없었다.[16]

자연은 수백만 년 동안 자신의 소리에 귀를 기울여왔다.[17] 우리의 이해 범위를 넘어서서 진화하는 언어인 그 소리를 토대로 활동한다.[18, 19] 내일 아침 지역 라디오방송을 틀었는데 이란어, 중국어, 스페인어, 아랍어가 피진 영어●와 뒤섞여 들린다고 상상해보라. 우리 도시, 유조차, 도로, 사슬톱에서 나오는 소리들의 불협화음을 생물들이 바로 그런 식으로 듣는다고 할 수 있다. 크라우스는 소음 오염과 별개로 "자연

● 토착어에 영어가 섞여서 생긴 단순한 형태의 영어.

세계 전체로 거대한 침묵이 퍼지고 있다"라고 말한다.[20] 그리고 그 침묵은 거대한 소음이 일으킨 것이다. 연구자들은 2050년이면 지구를 600번이나 감을 수 있을 정도의 도로가 건설될 것이라고 내다본다.

생물학이 생명을 정의할 수 없을지 몰라도, 생물학자들은 최근 수십 년 사이에 살아있는 계들의 지성과 상호 연결성을 과거보다 훨씬 더 깊이 이해하게 되었다.[21] 우리 몸부터 말하자면, 우리는 세포 안에서 벌어지는 무한히 많은 수의 사건들을 제어하지 못한다. 흙 속의 놀라운 균류, 바이러스, 세균의 연결망은 식물의 건강과 흙의 물 저장 능력을 결정하고, 수권hydrosphere을 통해 육지의 표면 온도를 조절한다. 나무들은 페로몬과 균류 연결망을 써서 서로 신호를 보내어 서로 조언하고, 보호하고, 건강과 생존을 도모하는 공동체를 이룬다. 동물들은 방대한 소통 기술과 창의적인 마음을 지니며, 우리는 그들의 능력을 이제야 겨우 파악하기 시작했다. 수면에서 900미터 이상 들어간 깊은 바다는 지구에서 가장 방대한 서식지다. 이곳 주민들 중 80퍼센트 이상은 생물발광을 이용해서 의사소통, 감지, 방어를 한다.

따라서 빛은 지구에서 생물들이 이용하는 첫 번째 의사소통 수단이다. 육지와 하늘에서 의사소통은 생태계의 건강과 상태에 영향을 미치는 생물 음향을 통해 이루어진다. 지구에서 가장 다양성이 높은 생태계인 아마존에서 밤을 지샌다면, 동물 오페라를 듣게 된다. 멜라니 챌린저는 선구적인 저서 『동물이 되는 법 How To Be Animal』에서 이렇게 결론지었다.

"우리에게 중요한 것은 다른 모든 동물들에게도 중요하다. 우리가 더 많이 차지할수록, 그들의 빛은 더 꺼져간다."

제5장

별빛을 먹다

탄소, 인류의 식탁을 채우다

그 이름을 발음할 수 없다면,
그것을 먹지 말라.

마이클 폴란 Michael Pollan

우리의 허기와 식욕, 음식의 맛, 냄새, 색깔, 질감은 모두 탄소가 추는 춤의 변이 형태다. 오븐에서 풍기는 막 구워진 빵의 냄새를 맡는 순간, 당신의 입에서는 탄수화물을 알코올과 이산화탄소로 전환하는 침이 분비된다. 당신의 피는 혀와 코에 말을 건다. 인체의 99퍼센트 이상은 수소, 탄소, 산소, 질소로 이루어져 있다. 대기도 같은 성분으로 이루어진다. 음식도 마찬가지다. 이 네 원소의 배치에 따라 천연 향과 인공 향이 정해진다. 배에 있든 피부에 있든 두피에 있든 간에 체지방은 탄소이며, 찬장의 올리브유도 마찬가지다. 당은 탄소에 산소와 수소가 결합된 것이다. 여기에 질소가 추가되면, 근육, 눈, 장기, 피부를 이루는 단백질이 된다. 우리가 마시고 물고 씹을 때, 맛과 냄새는 신경을 통해 시속 약 170킬로미터의 속도로 후뇌로 전달된다.[1] 그렇게 즉시 와 닿는 정보들은 우리에게 먹어도 될지 여부를 알려준다. 우리가 먹는 모든 것은 탄소로 이루어져 있다. 우리는 식물이 탄소, 물, 별로부터 만든 영양소를 맛본다.

200만 년 동안 인류는 수렵채집인이었다.[2] 그들은 아프리카에서 기원해서 중동, 아시아, 유럽에 이어서 아메리카까지 퍼졌고, 그러면서 도구, 정착 시설, 불, 동식물에 관한 복잡한 지식을 갖추어 갔다. 이 이주 양상은 오늘날 세계 인구의 6퍼센트를 차지하는 세계 5,000곳의 원주민 집단들을 통해 드러난다.

식량 추구는 결코 끝이 없다. 동식물을 길들임으로써 현대 식량 체계가 식품을 풍족하게 제공하는 덕분에 대다수 국가에서는 식량을 사냥할 필요가 없어졌지만, 채집할 필요성까지 없어진 것은 아니다. 콜럼버스는 향신료를 찾고 있었지, 미지의 대륙을 찾고 있던 것이 아니었다. 그는 1492년 바하마의 산살바도르에 착륙했고, 이어서 히스파뇰라에도 닻을 내렸다. 그곳에서 스페인 선원들은 '살육의 오락'을 즐겼다. 그가 두 번째로 마주친 문화인 타이노족 사람들을 강간하고 고문하고 목 베고 내장을 빼냈다. 그들은 달아나는 아이들의 다리를 자르고, 젖먹이 아기는 개에게 먹이로 주었다. 콜럼버스는 이사벨라 여왕에게 인도로 가는 서쪽 항로를 발견했고, 거기에서 많은 '인도인(인디언)'을 만났음을 입증하고자 어떤 나무껍질을 찾아내어 계피^{cinnamon}라고 주장했다.[3]

유럽인들은 앞서 500년 동안 서른일곱 번 기근을 겪었고, 이탈리아에서만 일곱 번의 기근이 있었다.[4] 그 유럽에서 온 침략자들은 수 세기 동안 굶주린 적이 없는 문화들이 경작하는 다양한 작물과 마주쳤다. 정복자들은 몰랐지만, 그들이 약탈한 금과 은보다 그들이 발견한 식량이 훨씬 더 가치가 있었다. 옥수수는 멕시코 중부에서 1만 년 전에 개발되었다. 콜럼버스가 가져온 옥수수는 오늘날 러시아에서 남아프리카에 이르기까지 경작되고 있으며, 무게로 따졌을 때 세계에서 가장 많이 경작되는 곡물이다. 감자, 고구마, 카사바라는 아메리카에서 개발된 세 가지 뿌리채소는 합쳐서 세계 최대의 열량 공급원이다. 여기에 카카오, 토마토, 아보카도, 후추, 고추, 땅콩, 캐슈, 해바라기, 잇꽃, 바닐라, 파인애플, 파파야, 블루베리, 딸기, 패션프루트, 피칸, 멜론, 오이, 호박, 버터넛, 애호박, 크랜베리, 강낭콩, 얼룩무늬 강낭콩, 리마콩도 추가하면, 아메리카의 원주민 농민들이 역사적으로 앞서간 식물 육종가였음을 인정하기 어렵지 않다.

마야인의 거대한 도서관이 살아남았다면, 우리는 메소아메리카의 식량과 농업의 역사를 더 많이 배웠을지도 모른다. 1562년 스페인 주교 디에고 데 란다Diego de Landa는 이교도인 마야 문화를 억압하고자 입수할 수 있는 모든 마야 서적(코덱스codex)을 불태웠다. 단 네 편의 코덱스만 훼손된 채 남아있다. 나무껍질로 만든 종이에 역사, 종교, 달력, 정확한 천체 지도가 담겨 있다.

이유식 실험

우리는 더 이상 식량을 찾아다닐 필요가 없다. 영양은 유례없는 풍족함을 빚어내는 유달리 복잡한 체계로부터 나온다. 식용 가능 식물은 약 30만 종이라고 추정되지만, 사람이 흔히 먹는 식물은 200종에 못 미친다.[5] 다른 종들은 대부분 더 쓰거나 억세거나 질겨서 스무디를 만들기에 좋지 않다. 그러나 우리 조상들은 수천 가지 생물로부터 영양을 섭취했다. 오늘날에는 12가지 식물과 다섯 가지 동물이 인류 식단의 75퍼센트를 차지한다. 인류 종의 유일무이함이 더욱 명백히 드러나는 시대에 다양성은 대폭 줄어들었다. 우리의 얼굴, 눈, 지문, 체취가 다르듯이, 우리의 유전자, 대사, 신경계, 소화계 미생물, 내장도 저마다 다르다. 모든 몸이 반드시 똑같은 음식을 원하는 것은 아니다.[6]

소아과의사 클라라 데이비스Clara Davis는 1928년 세 아기 도널드, 얼, 에이브러햄을 대상으로 유명한 연구를 시작했다.[7] 몇 년 사이에 그녀는 아기 12명을 더 포함시켰다. 아기들은 생후 6개월에서 11개월 사이였고, 의학적으로나 영양학적으로 각각 나름의 문제를 안고 있었다. 아기들은 모유를 먹고 있었고, 모유 이외의 다른 미각이나 식욕을 드러낸 적이 없었다. 다른 음식을 접해보았지만 거부한 아기들도 있었다. 그렇게 오늘날 널리 알려진 이유식 실험이 시작되었다. 아기들에게는 식사 때마다 32가지 음식이 제공되었다. 10가지 채소에다가 사과, 복숭아, 바나나, 파인애플, 옥수수, 보리, 귀리, 밀, 적색육, 닭고기, 달걀, 해덕대구, 가당 우유와 사워밀크, 생쇠고기와 조리한 쇠고기, 소의 뇌, 간, 콩팥, 췌장, 골수였다. 딱히 이유식이라고는 할 수 없었다. 음식에는 소금 간이 되어 있지 않았지만, 아기 옆에 따로 소금이 든 접시를 놔두었다.

아기들은 서로 먹는 것이 달랐을 뿐 아니라, 남이 먹는 것을 보고 따라 하지도 않았다. 각 음식은 따로따로 접시에 담아 아기 앞에 두었다. 아기를 먹이는 사람은 찻숟가락에 음식을 떠서 아기 앞에 갖다댈 때 아기가 코를 찡그리고 고개를 젓는지, 아니면 먹겠다고 입을 벌리는지를 지켜보았다. 이 '유모들'은 손에 든 숟가락만 움직일 뿐 옆에 가만히 앉아 있으라는 지시를 받았다.[8] 아기마다 원하는 식단이 달랐다. 각각의 음식 조합은 특이했고, 특정한 음식을 원하는 시점도 저마다 달랐다. 얼은 처음에 비타민D 결핍증으로 구루병을 앓아서 다리가 안쪽으로 굽어있었다. 얼에게는 다른 음식들에다가 대구 간유도 추가로 주었다. 얼은 다 나을 때까지 석 달 동안 이 별난 냄새가 나는 간유를 다 마셨다. 그 뒤에는 대구 간유를 다시는 먹지 않았다.

아이들은 식성이 아주 다양했고, 심하게 변하기도 했다. 연구진이 '편식'이라고 부르는 양상을 보인 아이들도 있었다. 고기 편식, 우유 편식, 달걀 편식 등. 그러다가 어느 시점이 지나면 편식을 멈추었다. 이 아기들을 지켜본 소아과 의사는 그 연령의 아이들 중에서 자신이 본 "최고의 표본 집단"이라고 했다.[9]

행동생태학자 프레드 프로벤자Fred Provenza는 인류가 왜 자기에게 좋은 음식을 피하고 나쁜 음식을 선호하는지 의아했다.[10] 그가 야생에서 조사한 초식동물들도 클라라 데이비스의 아기들과 동일한 특징을 보여주었다. 같은 종의 한 무리에 속한 개체들도 타고난 영양 지혜에 따라서 야생에서 자신의 건강에 필요한 영양소를 섭취하는 쪽으로 저마다 다른 섭식 행동을 보였다. 실험실에서 유도한 당뇨병을 앓는 쥐들은 선택하도록 했을 때 단백질 함량이 높은 먹이를 택할 것이고, 그 결과 당뇨병의 증상이 사라질 것이다.[11] 물론 그 영양 연구에서는 아기들에게 사탕, 흰 빵, 정크 푸드, 탄산음료를 전혀 주지 않았다. 지금은 가당 초가공식품을 얼마든지 먹을 수 있다. 그리고 미국 인구의 4분의 3은 과체중이거나 비만이며, 세계 전체로 보면 그런 이들이 10억 명에 달한다.[12]

초가공식품 지배 사회

식품 제조업체들과 '감각' 화학자들은 우리와 혀와 입안의 후각 반응을 담당하는 입천장에서 어떤 일이 일어나는지, 그 변화가 우리의 뇌와 행복감에 어떻게 영향을 미치는지 안다.[13] 사람들이 현재 소비하는 향미의 상당수는 에스테르ester, 케톤ketone, 피라진pyrazine, 알코올alcohol, 페놀phenolic 화합물로 이루어진 인공물이다. 찬장에서 딸기잼 병을 꺼내 열면, 에틸메틸페닐글리시데이트ethyl methylphenylglycidate의 냄새가 코를 자극한다. 감각 자극을 연구하는 과학자들은 우리 감각기관이 냄새, 맛, 색깔, 입의 촉감에 어떻게 영향을 받는지를 연구한다. 우리의 맛봉오리taste buds는 수십 년 전부터 바이오해킹을 당해왔다. 우리는 우리를 죽이는 것이 아니라 우리를 보호하도록 진화한 타고난 식욕을 이용하는 윤기 좔좔 흐르는 지방 가득한 디저트, 설탕 듬뿍 든 케첩, 짭짤한 간식 등 슈퍼마켓 식품들의 쳇바퀴를 타는 요리용 햄스터가 되었다.

영양학적 지식은 어떻게 하면 강한 맛을 낼 수 있는지에 초점이 맞추어졌다. 짠맛, 기름진 맛, 달콤한 맛이다. 인류가 지구에서 산 세월 중 지방, 당, 소금을 구하기가 힘들었던 기간이 99.5퍼센트에 달한다. 꿀벌을 길들이기 전까지 슬라브 국가에서는 야생 벌집이 있는 나무를 베어 꿀을 채취하는 벌목꾼이 부자였다. 소금은 내륙에서 아주 귀했다. 지방은 동물에서 얻었다. 이렇게 부족한 상태로 기나긴 세월을 지내다 보니, 그런 것들을 갈망하는 욕구가 우리 뇌에 새겨졌다. 식품 대기업들은 그 사실을 알고 거기에 기댄다. 초가공식품은 그런 욕구를 이끌어내고 거기에 화답하고 중독시킴으로써 이익을 올리도록 고안된다.[14] 식품 회사의 화학자들은 더욱더 혹할 만한 식품을 만든다. 도리토스, 빅맥, 오레오(지금은 어린이용 오레오 아침 시리얼도 나와있다) 등등. 미국 식단의 70퍼센트 이상은 초가공식품ultra-processed food이다. 여기에는 비건 버거, 단백질 바, 오트 밀크 같은 이른바 자연식품natural food도 포함된다. 초가공식품의 섭취는 우울증, 치매, 당뇨, 고혈압, 뇌졸중, 비만, 암과 직접적으로 연관된다.[15] 맛과 우리의 뛰어난 후각은 갖고 놀 장난감이 아니다. 우리는 감각을 통해 세계를 이해한다. 정크 푸드와 현대 식품 산업은 이 지능을 '무의미한' 것으로 만든다. 식품과 맛은 더 이상 탄소의 흐름이 아니다. 돈의 흐름이 되어있다.

식량 쪽으로 보면, 우리는 소비자이기에게 훨씬 앞서 포식자였다. 야생 오이든 조개든 가재든 간에, 우리는 원하는 식량을 채취했다. 인체는 동물이든 버섯이든 채소든 간에 살아있는 세계에서 에너지를 획득하는 전문가가 되도록 진화했다. 속도, 손재주, 치아, 턱, 후각, 청각은 우리의 경호원으로서, 우리가 먹고 번식할 수 있도록 지켜주었다. 『초가공식품, 음식이 아닌 음식에 중독되다』의 저자인 크리스 반 툴레켄hris van Tulleken은 식품 산업이 이 원리를 뒤엎었다고 말한다.[16] 우리는 먹이다. 우리 아이들도 먹이다. 배아도 먹이다. 식품 산업이야말로 포식자다.

1901년에 나온 한 독일어 논문이 잘못 번역되는 바람에, 우리가 혀의 부위별로 다른 맛을 느낀다는 속설이 널리 퍼졌다. 직접 시험해보라. 사실이 아니다. 각 맛봉오리는 모든 맛을 다 감지한다. 약 100년 동안 세계는 단맛은 혀끝, 쓴맛은 혀 뒤쪽, 짠맛과 신맛은 혀의 왼쪽과 오른쪽에서 느낀다는 맛 이론을 받아들였다. 어느 누구도 그렇게 느끼지 않았음에도 그랬다. 입안에서 꿈틀거리는 축축한 파충류 같은 혀는 수백만 년에 걸친 진화와 학습의 직접적인 결과물이다. 맛과 냄새는 몸이 좋은 것과 독소를 검출하는 방식이다. 무엇을 몸에 받아들일 수 있고 받아들이면 안 되는지를 판단하는 면역계의 최전선이다. 우리가 먹는 식품을 고를 때, 우리는 세계를 더 좋게 또는 더 나쁘게 만들고, 세계를 유지하거나 모욕하고, 우리 건강을 증진시키거나 악화시킨다. 우리가 먹는 것과 기르는 방식은 모든 차량, 선박, 항공기, 열차를 능가하는 수준으로 기후와 지구온난화에 상당한 영향을 미친다. 식품 산업은 생물 다양성, 대양, 강, 꽃가루 매개자, 초원, 동물의 건강에 심각한 피해를 입힌다.

개보다 뛰어난 인간의 후각

우리는 맛에 민감하다. 입맞춤을 할 때 우리는 냄새와 맛을 느낀다. 몸의 관점에서 보면, 정보가 물밀듯이 밀려든다. 우리는 친구나 연인의 맛을 보며, 그 즉시 다시 입을 맞출지 여부를 판단한다. 산딸기는 똑같은 친밀감을 불러일으킨다. 좋은 식사는 허브, 양념, 곡물, 뿌리, 씨, 고기, 기름과 귀한 체액을 교환한다. 음식물을 씹을 때, 혀와 1만 개의 맛봉오리는 수조 개의 분자들을 평가한다. 각 손님이 명단에 있는지를 확인하는 경비원처럼 음식들을 분류하고 시험하고 살펴본다. 현미경으로 보면 맛봉오리는 히에로니무스 보슈 Hieronymus Bosch의 그림에 등장하는 생물들처럼 환상적으로 보인다. 버섯 모양 수용체는 독버섯 무리처럼 보이고, 실 모양 맛봉오리는 뾰족한 머리를 흔드는 후드 쓴 갱단처럼 보인다. 잎새 모양 맛봉오리는 사막의 운하처럼 뻗어있다. 맛이 10여 가지에 불과하다면, 우리는 음식에 별 신경을 쓰지 않을 것이다. 심드렁하게 고양이 사료를 먹고 끝낼 것이다. 하지만 향미와 코는 온갖 경험을 낳으며, 그렇기에 우리는 혀와 입으로 그 경험을 추구한다. 코를 쥐어서 꽉 막은 채 고급 포도주를 마시면, 신데렐라가 꼬부랑 할머니로 변한다.

우리 코는 맛의 열쇠다. 인간은 1조 가지가 넘는 후각 자극을 검출할 수 있다.[17] 우리가 후각이 약하다는 믿음이 널리 퍼져있는데, 이는 19세기의 한 이론에서 유래한 것으로서 악성 뾰루지처럼 계속 우리에게 들러붙어 있다. 그렇다는 근거는 전혀 없다. 우리의 후각 능력은 개와 늑대보다 뛰어나다. 갯과는 먹이, 짝짓기, 위험을 알리는 특정한 냄새에 민감하다. 사람은 훨씬 더 폭넓은 주변 세계를 감지해야 하므로 후각 능력도 훨씬 더 뛰어나야 한다.[18] '초후각 능력자super-smeller'는 몇 걸음 떨어진 곳에서 파킨슨병Parkinson's disease에 걸린 사람을 검출할 수 있다고 알려져 있다. 반면에 생화학적으로 파킨슨병을 검사할 방법은 아직 전혀 나와 있지 않다. 우리의 짝 선택도 후각에 강하게 영향을 받는다. 오늘날에는 오염, 단조로운 식단, 알레르기에 따른 코막힘 등으로 우리의 후각 능력이 약해질 수 있다.

아메리카에서 처음 개발된 식량 중 몇 가지를 다시 살펴보자. 카카오, 토마토, 아보카도, 후추, 고추, 땅콩, 캐슈, 해바라기, 잇꽃, 바닐라, 파인애플, 파파야, 블루베리, 딸기, 패션프루츠, 피칸, 멜론, 오이, 호박, 버터넛, 애호박, 크랜베리, 강낭콩, 얼룩무늬 강낭콩, 리마콩. 이 맛들 중 똑같이 느껴지는 것들이 있는지? 어느 두 가지를 무작위로 맛본다면

3,355만 4,432가지 맛 조합이 가능하다. 어느 누구도 냄새와 맛을 똑같은 방식으로 검출하지 않으며, 호박이든 배든 양귀비 씨앗이든 간에 자연에서 맛이 정확히 똑같은 것은 없다. 우리가 느끼는 맛이 다섯 가지라는 말은 음식의 복잡성을 지워버린다. 우리는 천연 식품을 입에 넣을 때마다 다른 맛을 느낀다. 반면에 인공 식품은 균일하도록, 똑같은 세계를 반복해서 맛보도록 고안된다. 미국 농무부는 150가지 영양 성분을 살펴본다. 그러나 우리 식품에 든 생화학물질과 식물성 영양 성분은 2만 6,000가지가 넘는다.

식품 화학 분야의 정보가 부족하다는 인식이 확산되면서 관련 공공 데이터베이스를 구축하기 위해 식품 주기율표 사업단Periodic Table of Food Initiative이 설립되었다.[18] 식단과 관련이 있는 질병과 사망, 피폐해진 농업 체계의 현황을 파악하고 개선하는 것이 목표다. 지금까지 이루어진 발견은 놀랍기 그지없다. 예를 들어, 브로콜리에는 거의 1만 가지 생화학 물질이 들어있고, 케일에도 거의 그만큼 들어있다. 그러나 양쪽에 공통된 물질은 10퍼센트에 못 미친다. 우리는 나머지 9,000가지 영양소가 우리 몸에서 무슨 일을 하는지 알아낼 필요가 있다. 이 새로운 시대는 우리의 건강과 영양 이해에 혁신을 가져올 수 있다.

향미는 물과 분자의 상호작용을 통해 방출된다. 여기서 물은 침saliva을 말한다. 침에는 산acid, 효소enzyme, 전해질electrolyte, 단백질protein, 콜레스테롤cholesterol이 들어있으며, 침은 음식물과 상호작용 하면서 음식물을 화학적으로 변화시킨다. 사랑에 빠질 때 우리 미각도 변한다. 두려움에 빠질 때에도 그렇다. 열병에 걸리면, 침은 복잡한 탄수화물을 분해하는 데 필요한 효소인 아밀레이스amylase가 거의 또는 전혀 없을 시기인 한 살 때의 것으로 돌아갈 수도 있다. 빵은 마분지 맛이 날 것이다. 몸은 효소가 아니라 침입하는 세균이나 바이러스에 집중한다. 예전에 엄마는 현명하게도 아픈 아이에게 우유 토스트를 만들어 주었다. 탄수화물을 구우면 소화가 잘되는 덱스트로스dextrose로 전환되며, 우유의 젖당lactose은 우리가 가장 처음 접하는 음식이다.

우리는 비타민이나 무기물이 부족해지면 그것들을 갈망한다. 사람이 당을 갈망한다면, 요리한 채소를 많이 먹으면 그 욕구를 줄이거나 멈출 수 있는 듯하다. 일부 맛봉오리는 24시간 동안 머물러있다가 사라진다. 한편 일주일이나 열흘 간격으로 교체되는 것도 있다. 일주일 동안 단식을 하고 나면, 전에 결코 음식을 맛본 적이 없는 것 같은 상태가 된다. 새로 재생된 맛봉오리들은 생물학적으로 깨끗한 상태다. 미식 세계의 슈퍼스타도 있다. 생선 스튜인 부야베스를 한 입 삼키고서 원재료인 숭어가 언제 잡혔고, 포도주가 어느 포도밭에서 나왔고, 감귤류 껍질이 귤 껍질인지 오렌지 껍질인지, 토마토가 어느 품종인지, 사프란이 이란산인지 아제르바이젠산인지, 올리브유가 엑스트라버진인지 버진인지, 올리브가 아바데호인지 알로라인지를 말할 수 있는 요리사가 그렇다. 그들의 비범한 미각은 미래의 미식가들 앞에 새로운 요리 세계를 펼친다. 그들은 시인이 시를 쓰듯이 요리법을 적으며, 우리는 그들의 음식 극장을 찾아서 희열을 만끽한다.

때로 우리는 유행에 휩쓸려서 입맛에 맞지 않음에도 남들이 몸에 좋다고 하니까 어떤 음식을 억지로 먹기도 한다. 익히거나 익히지 않은 케일이 그런 사례일 수 있다. 최근에 시판되는 케일을 검사하면 대개 중금속 함량이 유달리 높게 나온다. 케일을 날로 먹으면 함유된 고이트로겐 goitrogen이 아이오딘 iodine 섭취를 억제함으로써 갑상샘호르몬 생산이 줄어든다. 농민은 소와 양에게 케일을 먹이지 않으려 한다. 옥살레이트 oxalate 중독, 배앓이, 설사, 빈혈을 일으킬 수 있어서다. 아마 처음 맛볼 때 찡그린 표정이 정확한 반응이 아니었을까.

잃어버린 맛봉오리를 찾아서

탄소 기반 세균이었다가 다른 세포 안에 자리를 잡은 미토콘드리아는 우리 몸의 세포에 에너지를 공급한다. 그 대가로 우리는 14억 5,000만 년 전에 먹었을 때 우리와 하나가 된 이 고대의 생명체에 양분을 제공한다. 우리가 진정한 맛을 되찾고 경험할 때, 즉 탁월한 미각을 지니게 될 때, 사람 세포와 이 비인간 세포의 공동체는 우리를 인도한다. 현명한 농민이 식물들의 지하 세계인 토양 속 생명을 부양하고 먹이듯이, 우리는 창자에 있는 제2의 뇌를 포함해서 우리 생명을 부양한다. 좋은 소식은, 우리 자신이 실제로 그 일을 맡고 있지는 않다는 것이다.

탄소 기반 효소, 혈구blood cell, 뉴런neuron, 흔들거리는 맛봉오리, 항원antigen 등이 관여하는 수백 가지 과정들 사이에는 경이로운 에너지 흐름이 있다. 이 탄소의 흐름이 바로 당신이 느끼고 경험하는 생명이다. 우리는 몸에 이름을 붙이고 연구하고 분석할 수 있다. 그렇다고 해도 우리 몸, 그 복잡성과 지능에서 일어나는 일을 조금이라고 이해할 수 있다면, 우리가 수수께끼에 잠겨있음을 깨닫게 될 것이다. 예전에 건축가 버크민스터 풀러Buckminster Fuller는 우주선 지구˙가 너무나 잘 설계되어 있어서 우리가 거기에 타고 있음을 알아차리지 못한다고 간파한 바 있다. 마찬가지로 우리 몸도 너무나 잘 설계되어 있어서 많은 이들은 자신이 그 안에 있음을 깨닫지 못한다.

딱히 보상을 받지 못하면서도 헌신적인 노력으로 우리에게 기쁨을 안겨주고, 우리의 맛봉오리를 회복시키고, 땅을 복원하는 데 힘쓰고 있는 새로운 세대의 농민, 요리사, 제빵사, 제작자가 있다. 지구온난화를 역전시키려면 우리가 먹는 식품을 바꾸어야 한다. 기르는 방식도, 구하는 곳도 바꾸어야 한다. 꽃가루 매개자와 토양을 회복시키는 일은 우리의 경작 방식을 바꾸는 데 달려있다. 미국에서 판매되는 식품의 73퍼센트는 초가공된 상태로서 명백히 건강하지 못하며, 이런 상황은 경작지, 지역사회, 기후, 문화, 식습관을 회복하자는 움직임에 힘을 싣는다.

우리가 왜 우리의 영양을 타이슨푸즈Tyson Foods와 크라프트하인츠Kraft Heinz 같은 식품 대기업의 손에 맡기게 되었는지는 문화역사학자들에게 맡기련다. 정치인 얼 블루먼하우어Earl Blumenhauer는 간결하게 요약한다.

• 지구를 한정된 자원을 가진 우주선에 비유한 말.

"우리는 잘못된 장소에서 잘못된 방식으로 잘못된 식량을 기르는 잘못된 사람들에게 너무 많은 것을 지불하고 있다."

우리 건강의 소유권과 책임 및 땅의 생물학적 본모습을 되찾으려면, 우리의 입과 맛봉오리를 금융자본을 축적하는 데 쓰는 이들로부터 빼앗아서 우리의 생물학적 자본을 창출하는 데 쓰는 이들에게로, 미래를 훔치는 이들로부터 미래를 치유하는 이들에게로 돌려주어야 한다. 시인이자 운동가인 에이드리언 리치Adrienne Rich의 말을 빌리자면, 지친 색깔을 띤 세계, 너무나 많은 것을 잃었기에 지친 세계를 겸손함과 부식토로 지키는 사람들을 믿기로 하자. 우리 경작지가 없다면, 민들레와 엉겅퀴의 꿀, 경단과 전통 유산, 유역과 토양과의 절묘한 연결이 없다면, 우리가 "기억도 신뢰도 미래 지향적 목적의식도 과거를 존중하는 태도도 없는" 세계에서 살아가리라는 것을 이해하는 사람들이다.[20]

제6장

유사 식품

음식의 탈을 쓴 초가공식품의 세계

사람들은 건강에 아무런 관심이 없는
식품 산업으로부터 식량을 얻고,
식품에 아무런 관심이 없는
보건 산업의 치료를 받는다.

웬들 베리 Wendell Berry

나는 생후 6개월이 되었을 때 천식에 걸렸다. 캘리포니아 샌머테이오의 밀스병원 의료진은 자신들이 본 천식 환자 중 가장 어린 사례라고 했다. 상태는 몹시 나빴다. 호흡이 몹시 가쁘고 힘겨웠고, 때때로 창백해지면 황급히 병원으로 가서 산소 호흡기 신세를 지곤 했다. 14개월 째에는 6주 동안 산소 텐트 안에 갇혀 지냈고, 부모님도 들어올 수 없었다. 마침내 텐트 밖으로 나왔을 즈음에는 부모님 얼굴조차 기억나지 않았다. 게다가 퇴원은 몸이 나아져서가 아니라 다른 환자에게 산소 텐트가 필요했기 때문에 이루어졌다.

어릴 때 의료계가 내게 권했던 온갖 방법들 중 치료나 치유에 큰 도움을 준 것은 전혀 없었다. 나중에 의사들이 부모님이 아니라 내게 직접 말하기 시작했을 때, 나는 천식이 불치병이자 유전병이며, 평생 안고 살아가는 법을 배워야 한다는 말을 들었다. 어느 의사는 모친과의 관계가 원인일 가능성이 있다는 말까지 했다. 보호 마스크를 쓰고 공기 정화 시설을 갖춘 실내에서 지내라고 말한 의사도 있었다. 봄에 외출을 삼가야 한다는 데에는 모두 의견이 같았다. 여러 번 긁은 자국 검사*를 한 끝에, 내 몸이 흔한 물질 40가지에 알레르기를 일으킨다는 판정이 나왔다. 완화할 수 있는 방안은? 당시 나는 흥분제인 아미노필린 에페드린aminophylline ephedrine을 처방받았는데, 그 약은 사실상 마약이었다. 2004년에 금지된 체중 감소제로 쓰인 마황ephedra에 들어있는 것과 같은 성분이었다.

나는 여러 스포츠를 했고, 호흡을 계속하고자 사탕처럼 알약을 계속 먹어댔다. 하루 최대 복용량의 3배까지 삼키기도 했다. 10년 동안 농구장에서 살다시피 했는데, 그러다가 우연히 책을 한 권 접했다. 저자는 무뚝뚝하게 적었다. "당신이 아프다면, 그건 당신 잘못이다." 아기 때 내가 뭘 잘못했다는 거지? 나는 오랫동안 의사들의 복잡한 전문용어에 귀를 기울였다. 그들이 얼마나 지적이고 내가 얼마나 모르

---

* 피부를 긁어 항원을 접촉시킨 뒤, 알레르기 반응 등을 살펴보는 검사법.

는지, 그리고 내 '불치병'이 내가 이해할 수 있는 것보다 얼마나 복잡한지를 되새기게 하는 어휘들이었다. 계속 읽자 저자가 희생자가 되지 말라고 나를 일깨우려 한다는 사실이 명확히 드러났다. 내 병은 내 책임이지, 다른 누구의 책임도 아니라는 것이었다.

음식이 병이 되는 시대

온갖 치료를 받았지만 별 소용이 없었으니, 스스로 새로운 방법을 시도한다고 해서 잃을 것은 전혀 없었다. 그 책은 알레르기를 거의 일으키지 않는 음식 한 가지만을 먹으면서 절식을 하라고 권했다. 쌀죽에 찻잎을 우려낸 물을 섞은 것이었다. 그게 전부였다. 두 가지 맛만 나는 싱겁기 그지없는 음식이었다. 8일째에 잠에서 깼을 때 나는 전혀 낯선 감각을 느꼈다. 처음으로 허파 깊숙한 곳까지 공기가 들어오는 것을 느꼈다. 쌕쌕거림도, 꽉 막힌 느낌도, 가쁜 소리도 전혀 없었다. 당시 나는 19세였다. 의사는 별일 아닌 양 받아들이면서 그냥 어쩌다가 우연히 일어난 일이거나 플라세보 효과 placebo effect라고 치부했다. 그는 쌀과 차에 관심이 없었다. 당시 의과대학에는 영양학 과목이 아예 없었다.

현재 미국인 2,500만 명이 천식을 앓고 있으며, 공정하게 말하자면 그들 중 상당수는 타고난 알레르기가 아니라 대기오염이 원인이다.[1] 아무튼 의대는 여전히 기도 염증을 식품과 관련짓지 않고 있다. 나도 똑같이 무지했다. 왜 그냥 남들처럼 먹으면 안 되었을까? 내가 좋아하는 음식이 왜 염증을 일으켰을까? 그리고 식품이란 대체 뭘까?

그 뒤로 몇 달 동안 나는 이런저런 식품을 한 번에 한 가지씩 추가하면서 몸에 미치는 영향을 실험했다. 스파르타식 식단을 구성하면—내 사례에서는 쌀, 차, 채소—성분을 하나 추가할 때마다 곧바로 차이를 느낀다. 당, 우유, 맥주, 버거, 빵, 커피, 치즈, 감자튀김, 오렌지주스, 달걀, 베이컨, 토마토, 버터, 아이스크림, 과자, 콜라 등등. 내가 이런 식품들을 먹고 싶지 않았던 것은 아니다. 나는 정말로 먹고 싶었다. 그러나 대다수 사람들이 하듯이 이런 식품들을 매일 조합해서 먹으면 자신이 먹는 것이 자신의 기분, 수면, 생각과 어떤 상관관계가 있는지를 알아내기가 힘들다. 체중 증가, 무좀, 두통, 관절염, 건선을 겪고 있으면서도, 그런 증상들이 먹고 마시는 것과 관련이 있을 가능성을 결코 알아차리지 못할 수도 있다.

음식을 이런 식으로 접하면서, 나는 안 좋은 느낌을 일으키는 것들을 하나씩 제거했다. 이윽고 내 식단은 통곡물, 씨앗(쌀, 밀, 귀리), 견과, 콩, 채소, 과일, 허브, 달걀, 생선으로 정착했다. 나는 슈퍼마켓에 가지 않고 지역 농산물 직거래 시장으로 향하게 되었다. 사람들은 내게 어떻게 그렇게 제한된 식사를 할 수 있는지 묻는다. 그러나 미국인의 표준 식단은 내가 먹는 것보다 범위가 더 좁다. 북아메리카 식단은 주로 밀, 옥수수, 쌀로 이루어진다. 먹는 채소의 90퍼센트는 감자, 토마토, 양파, 상추, 당근이다.[2] 미국 농무부의 권장 식단은 채소의 종류 쪽으로는 자유주의적 입장을 취한다. 감자튀김에 케첩도 두 가지 채소로 본다. 인류가 수천 년 동안 먹은 식품은 수천 가지에 달하지만, 서양인들은 대체로 알지도 못하고 본 적도 없고 접한 적도 없고 기르거나 먹은 적도 없다. 우리는 꿀벌, 소, 돼지, 닭, 양을 길들였을 뿐 아니라, 우리 자신도 길들인 듯하다.

햄버거보다 열량이 높은 샐러드

지금은 수십 년 전보다 영양 쪽으로 훨씬 더 많은 연구가 이루어졌고 지식도 훨씬 늘어났다. 그러나 미국인의 식단은 더 나빠져 왔으며, 건강하지 못한 지방, 탄수화물, 당, 소금, 인공감미료가 든 화학적으로 변형된 식품들이 대부분을 차지한다. 우리가 식품이라고 부르는 것의 대부분은 식품이 아니다. 결코 식품 사슬의 일부였던 적이 없는 물질들로 만들어지고 구성되어 있다. 전화당, 변형된 녹말, 정제되고 표백되고 탈취 처리되어 윤활제가 된 지방, 수화된 단백질이 그렇다. 열량은 대부분 옥수수, 콩, 밀이라는 상품작물로부터 얻는다. 크리스 반 툴레켄은 우리 식품이 "우리 감각이 노출된 적이 없던 분자들을 써서 조합한 혼합물이 되어왔다"고 썼다. "합성 유화제, 저열량 감미료, 안정제, 습윤제, 향미 증진제, 색소, 착색 안정제, 탄산제, 고화제, 증량제, 감량제가 그렇다."[3] 그러나 식품은 이제 '구성되는' 수준을 넘어서서, 설계된다. 오늘날 우리 몸에는 200만 년 동안 인체에 없던 화학물질들이 들어있다.[4]

케이블TV 뉴스를 보면 광고의 대부분이 퇴행성 질환을 치료한다는 의약품이다. 당뇨병, 암, 고혈압, 뇌졸중, 관절염, 우울증, 치매 등등. 나쁜 건강은 미국 사회의 대부분의 영역에 영향을 미친다. 18~24세 젊은이의 75퍼센트는 군 복무에 부적합한 상태다.[5] 성인의 42퍼센트는 비만이다.[6] 웨스트버지니아의 기대 수명은 시리아와 동일하다. 미시시피는 방글라데시보다 짧다. 비즈니스 칼럼니스트 에이드리언 울드리지Adrian Wooldridge는 머지않아 병든 미국이 경제적으로 중국과 경쟁하거나 자국을 방어할 수 없게 될 것이며, 산업 식품 시스템이 바로 그런 결과를 빚어낸 것이라고 지적한다. 몸을 넘어서 산업농과 식품 대기업은 농경지를 척박하게 만들고, 우물과 강을 오염시키고, 꽃가루 매개자를 박멸하고, 오래된 숲을 베어내고, 습지의 물을 빼내고, 농장 일꾼들을 중독시키고, 아이들의 미래에 돌이킬 수 없는 피해를 끼친다. 본질적으로 우리는 착취를 먹고 있으며, 우리가 먹는 것은 중독성을 띤다.[7]

가공식품업계는 상황을 그런 식으로 보지 않는다. 예전에 맥도날드의 지속 가능성 최고 책임자의 요청으로 만남을 가진 적이 있다. 그가 내 사무실을 찾았고, 나는 다섯 가지 성분 목록을 보여주면서 어떤 식품인지 알아보겠냐고 물었다. 그는 그 퀴즈에 의아해했지만, 한번 풀어보려 했다. 그러나 결국 전혀 모르겠다고 손을 들었다. 나는 맥도날드 메뉴에 적혀 있는 것이라고 설명하면서 다시 해보라고 했다. 그는 목록을 유심히 들여다보다가 고개를 저었다. 나는 네 장의 영양 성분 분석표를 내놓으면서 물었다. 탄수화물, 단백질, 당, 지방, 섬유질, 소듐, 콜레스테롤, 총열량을 그램 단위로 나타낸 FDA 공인 분석표였다. "어느 게 더블치즈버거이고, 어느 게 맥도날드 샐러드일까요?" 그는 1분쯤 들여다보면서 까다로운 질문이라고 했다. 왜 까다롭다고 생각하는지 묻자, 그는 이렇게 답했다. "가장 열량이 높은 식품은 아마 치즈버거가 아니라 샐러드일 테니까요." 정답이었다. '슈거sugar' 샐러드는 1,400칼로리였다. 맥도날드는 몇 년 뒤 비용 '절감'을 위해 그 샐러드의 판매를 중단했다.[8]

유사 식품 산업

인간의 존재 자체는 식품에서 호흡으로 이어지는 탄소의 흐름, 탄소의 군거성 화학이 포획하고 방출하는 에너지 리듬이다.[9] 광자photon는 식물의 팔랑거리는 잎에서 당을 생성하며, 그 당은 인간이라는 동물, 곤충, 균류, 미생물, 토양으로 들어간다. 몸은 우리 세포에 에너지를 제공하는 영양소의 흐름을 매일 받아들인다. 음식을 포도당, 다당류, 크레아틴, 카세인, 글라이신, 오메가3 지방, 비타민K 등 구성 성분들로 나누어서 살펴볼 때, 우리는 사라진다. 필수 식품 성분들의 영양학적 이해는 맞다. 그러나 영양 보충제, 녹즙, 식품 첨가물을 써서 수십 가지 성분을 개념적으로 조합해서 건강한 식단을 구성한다면, 그것은 영양이 아니다. 맛과 식감을 습관성을 들인다는 관점에서 접근한 결과, 사람들을 비만과 대사 질환에 시달리게 하는 괴물 같은 산업이 출현했다. 가공식품 산업과 제약 산업이 공모했다고 볼 수도 있다. 다이어트 산업은 규모가 세계적으로 3,770억 달러에 달한다고 추정된다. 아마존에서 팔리는 다이어트 책은 6만 가지가 넘는다. 영양 보충제 산업도 규모가 거의 1,500억 달러에 달한다. 이는 탄소의 흐름이 아니다. 혼란의 도가니다. 과체중인 사람은 설령 부끄럽지 않다고 해도 욕을 먹는 기분이다. 소비자는 과식을 유도하도록 설계된 식품 체제 속에 산다. 우리 식단은 지난 100만 년보다 최근 140년 사이에 훨씬 더 많이 바뀌었다.[10] 마이클 폴란이 한마디로 요약했듯이, 우리 식품은 '유사 식품'이 되었다.[11]

미국은 질병을 다루는 환자 의료 체계에 연간 4.5조 달러를 쓴다. 경제활동 총규모의 약 20퍼센트에 달한다. 내 천식은 쌀과 차로 완치된 것이 아니다. 몸은 내가 먹지 않은 것 때문에 치유되었다. 에릭 로스턴은 인류가 어떻게 자기 자신과 다른 생명체들에게 피해를 입히는지를 기술하면서, 이렇게 썼다.

"오늘날 우리는 마치 인류―또는 우리 국가나 우리 자신―가 만물의 중심인 양 살 때가 너무나 많다. 자연에 어떤 결과가 빚어질지 걱정하지 않은 채, 원하는 것은 무엇이든 할 수 있다고 여긴다."[12]

패스트푸드 산업은 젊은이들과 아이들에게 그들의 몸이 아니라 중독 욕구를 충족시키라고 설득하는 데 연간 50억 달러가 넘는 돈을 쓴다.[13] 이것이 어떤 짓인지가 언젠가는 드러날 것이다. 인류를 상대로 저지르는 범죄임이 말이다.

잃어버린 마야문명의 지혜

살아있는 세계는 함께 있고 싶어 하는 분자들을 하나로 모은다. 이를 녹색 화학green chemistry이라고 하며, 생명이 시작된 이후의 지구 화학을 기술하기 위해 존 워너John Warner와 폴 아나스타스Paul Anastas가 만든 용어다. 식량의 영양가를 높이는 데에는 강제력도 첨가제도 식품화학자도 필요하지 않다. 아메리카의 농민들은 9,000여 년 동안 옥수수 품종 수천 가지를 교배하고 번식시켰다. 이 옥수수는 아주 다양했고 영양가도 풍부했다. 오늘날 옥수수는 소도시보다 더 큰 밭에서 단일경작 된다. 생산되는 옥수수의 90퍼센트 이상은 제초제에 저항성을 띠도록 유전자를 변형한 것이다. 이 옥수수는 돼지와 소의 사료, 청량음료의 감미료, 자동차 연료(에탄올), 플라스틱 원료, 옥수수 칩의 가공 녹말이 된다.

마야문명는 세계에서 가장 복잡한 문명 중 하나를 건설했고, 영양 지식도 풍부히 갖추고 있었다. 현재 멕시코인은 1인당 연평균 코카콜라 캔을 487개 소비하며, 이는 지난 10년 사이에 2배로 증가한 수치다.[14] 멕시코인은 6명 중 1명이 당뇨병을 앓으며,[15] 멕시코에서 당뇨병은 사망 원인 1위다.[16] 멕시코의 62대 대통령은 코카콜라멕시코의 회장이었다. 원래 멕시코는 다양한 식량과 지역별 다양성에 힘입어서 복합적인 문화를 이루고 있었다. 그런데 북아메리카 자유무역협정 NAFTA 때문에 토착 식품들이 사라지고, 그 자리에 산업화한 농장에서 저비용으로 키우는 불임 sterile 옥수수가 밀려들었다.[17] 전통적인 방식으로 옥수수를 재배하던 농민 200만 명이 파산했다.

클리블랜드 치과 의사인 웨스턴 프라이스 Weston Price는 1930년대에 충치를 비롯한 치아 질환이 없는 이들을 찾아서 전 세계를 돌아다녔다. 프라이스는 『영양과 신체 퇴화 Nutrition and Physical

Degeneration』라는 고전이 된 책의 서문에 자신이 받은 의학 교육 전체가 오로지 병리에 초점을 맞춘 것이었다고 썼다.[18] 신체를 건강하게 만드는 것이 무엇인지를 알아내고자, 그는 스위스와 헤브리디스제도의 오지 마을까지 여행했다. 북극권 캐나다의 원주민, 아프리카의 부족들, 남아메리카의 마야인 후손들, 오스트레일리아의 원주민, 뉴질랜드의 마오리족도 만났다.

그의 탐사는 전통 식품에서 가공식품으로 전환했을 때 원주민들에게 어떻게 충치가 만연해지고, 얼굴과 골반이 좁아지고, 치아가 비뚤어지고, 만성질환이 생기는지를 보여주었다. 그는 각 지역에서 전통 식품을 구해서 영양 성분을 분석했는데, 필수 무기질과 비타민이 미국의 식단보다 4~10배 더 많이 들어있었다. 그의 아내는 함께 다니면서 가는 곳마다 사진을 찍었는데, 사진을 보면 전통 식품을 먹는 남녀가 건강한 얼굴과 뼈대 구조를 지니고 있었음이 드러난다. 가공식품을 먹는 부모를 둔 서양 아이들의 얼굴 모습과 확연히 대조를 이루었다.

아메리카의 원주민들은 1만 년 전부터 석회를 섞은 물인 알칼리 용액에 옥수수를 요리하기 시작했다. 닉스타말화 nixtamalization라는 과정이다. 옥수수를 알칼리 용액에 담그면

결합되어 있던 니아신niacin과 칼슘이 방출되는 한편으로 옥수수가 부드러워진다. 그러면 마사, 즉 옥수수 반죽으로 만들어서 토르티야, 토스타다, 타말을 만들 수 있다. 이 과정이 없다면, 옥수수에 의존하는 문화는 펠라그라pellagra에 시달릴 것이다. 설사, 치매, 피부염을 동반하는 질병이다. 고대 문화들은 니아신 부족이 원인임을 알지 못하면서도 어떻게 그 결핍증을 예방한 것일까? 진지한 연구 개발이 이루어졌을 것이 틀림없다. 수천 년에 걸쳐서 자기 지역의 식량들을 검사하고 채취하고 맛보고 요리하고 굽고 말리고 발효시키는 등 온갖 노력을 기울였을 것이다. 이런 문화들은 파리, 런던, 베를린이 존재하지도 않았던 시기에 식단을 실험하고 다듬고 있었다.

터틀 씨족에서 태어난 아메리카 세네카seneca족 역사학자 존 모호크John Mohawk는 콜럼버스 이전 시대의 터틀섬Turtle Island(미국과 캐나다)이 수백 개 부족과 국가가 각기 생물권역을 이루어서 수백 세대에 걸쳐 각 지역의 동식물과 함께 살고 번영할 방법을 배운 대륙이었다고 말한다. 터틀섬을 일컫는 '신세계'라는 말은 정착자들 사이에 망상이 만연했음을 말해준다. 모호크는 이런 문화들이 화폐를 기반으로 하지 않았고, 식품은 결코 판매되지 않았다고 말한다.[19] 모호크는 그 문화를 이렇게 묘사한다.

"자신에게 일어나는 모든 일이 주시를 받는다. 어릴 때 잘 자라지 않으면 사람들은 알아차린다. 뭔가를 먹이고 그래도 잘 자라지 못하면 알아차린다. 다른 것을 먹일 때 잘 자라면 알아차린다. 그들은 수중의 모든 가능성을 시도해볼 수 있다. 그들은 어떤 음식이 사람들에게 가장 도움이 되는지를 지켜보고 알아내려는 의욕을 보인다. 어느 음식이 돈을 버는 데 도움이 될지가 아니라, 어느 음식이 사람들, 특히 어린이와 노인에게 가장 좋은 생물학적 영향을 미치는지를 살핀다."

세네카족은 뉴욕의 서부와 동부에 산다. 같은 지역에 다른 부족과 씨족도 산다. 그들은 정원사이자 농부이자 원예사다. 모호크는 예전에 자기 부족이 옥수수 품종을 적어도 20가지 길렀고, 호박, 콩, 채소도 수십 종류가 있었다고 기억한다.[20] 그들이 먹은 채소는 숲과 풀밭에서 채취한 야생의 것이었다. 블랙베리, 블루베리, 까치밥나무 열매, 사슴뿔옻나무 열매, 엘더베리, 야생 사과, 버찌, 과일, 버터너트, 밤, 히코리 열매, 흑호두, 피칸, 개암, 도토리, 덕다리버섯, 꾀꼬리버섯, 잎새버섯, 노루궁뎅이버섯, 댕구알버섯, 들장미, 민들레, 포도필룸, 산마늘, 길들인 가금, 칠면조, 송어, 철갑상어, 지연가래상어, 명태, 민물농어, 비둘기, 어린 새, 사슴,

말코손바닥사슴도 먹었다. "그들은 오직 사람의 건강에 도움이 되는지에만 관심이 있었다. 그게 다였다. 아이, 성인, 노인의 건강, 늘 건강을 생각했다." 세계의 부족 문화들에서는 늘 당연한 일이었다. 자신의 건강을 책임지는 사회라면 자신이 무엇을 먹고 소비하는지를 주의 깊게 살필 것이다. 존중, 존경, 감사를 받아 마땅하다고 여기는 음식이라면 더욱 그럴 것이다.

전문가가 지배하는 식탁

수천 년 동안 호모사피엔스는 식물을 선택하는 과정을 꾸준히 계속했다. 어느 것이 식용이고, 어느 것이 약재고, 어느 것이 독이 있는지를 선별했다. 북아메리카의 원주민들은 오샤와 에키네시아에서 골든실과 아메리카인삼에 이르기까지 다양한 약용식물을 오래전부터 알고 있었다. 식민지 정복자들은 원주민들의 폭넓은 식물 지식을 존중하지 않았다.

질병, 잔혹함, 근절 행위로 많은 원주민 지식이 파괴되었고 영구히 사라졌을 수도 있다. 식민지 정착민들이 들어오기 전에 오스트레일리아의 원주민 수는 75만~150만 명이었다고 추정된다. 100년 뒤에는 겨우 10만 명 남짓으로 줄었다. 그럼에도 생태 지식은 회복되고 있다. 오스트레일리아에서 민족식물학자 베스 고트Beth Gott는 코리족과 함께 모나시대학교에 원주민 정원을 조성했다. 모래엉겅퀴에서 무농에 이르기까지 식용식물 150종류를 재배한다. 그녀는 학생들과 함께 원주민 '전통 음식bush tucker'을 이루었던 1,000여 종의 식물 목록을 작성했다.

내가 사는 노던캘리포니아에서 원주민 미워크Miwok족은 채진목, 매자나무, 산딸기, 토욘, 쉬땅나무, 서양자두나무, 벚나무, 구즈베리, 로즈힙, 엘더베리, 인동딸기, 허클베리, 포도 같은 식물의 열매를 먹었다. 견과 쪽으로는 개암, 호두, 잣을 먹었다. 뿌리채소에는 양파, 생강, 브로디아, 토종 튤립, 카마시아, 패모, 백합, 사막파슬리, 앵초, 쇠뜨기 등이 있었다. 또 물꽈리아재비, 세이지, 토끼풀, 제비꽃, 노새귀, 박태기나무, 마루나무도 채소로 먹었다. 야생 콩과 풀도 씨를 수확해 먹었다. 또 라일락, 꿀풀, 전나무의 꽃이나 잎을 달여서 큰잎단풍나무의 시럽을 넣어 차로 마셨다. 강에서는 연어, 송어, 칠성장어를 잡았다. 비만도 천식도 심장병도 치매도 알츠하이머병도 건선도 1형과 2형 당뇨병도 없었다. 우리 대다수는 더 이상 그런 식으로 먹을 수 없다. 그러나 우리는 선택을 할 수 있다. 세계 160여 국가는 미국의 빵, 옥수수, 사탕, 쇠고기, 돼지고기를 비롯한 식품들을 금지하곤 했다.[21] 독성을 띤다고 여기는 성분들이 들어 있어서다.[22]

아마 건강 유지 문제를 가장 흥미롭게 잘 쓴 책은 프레드 프로벤자의 『영양의 비밀』일 것이다. 그는 야생동물과 가축을 연구했다. 클라라 데이비스의 급식 연구가 보여주었듯이, 동물은 무엇을 먹을지를 본능적으로 안다. 사람이라는 동물도 예전에는 알았다. 그러나 지금 우리는 사기꾼, 광고, 기업, 학자, 속설에 압도당하고 있다. 프로벤자는 이렇게 썼다.

"곤충이나 어류, 조류, 포유류에게는 건강을 유지하기 위해 무엇을 먹을지, 병이 나으려면 어떻게 자가 치료를 할지, 어떻게 발달하고 번식할지를 그 누구도 알려줄 필요가 없다. 역설적이게도 현재 우리 인간은 '전문가'로부터 무엇을 먹고 무엇을 막지 말라는 말을 들어야 한다. 사람들이 영양가 있는 음식을 식별하고 고르는 능력이 없는 걸까, 아니면 그 능력을 강탈당한 걸까?"[23]

기후위기는 하늘에 있는 것이 아니다. 바로 여기 아래에, 식탁의 접시에, 포장 용기에, 드라이브스루 창구에, 척박해진 토양에, 소와 닭과 돼지를 좁은 공간에 가두어서 기르는 방식에 놓여있다. 그 위기는 우리의 식품 선택이 낳은 직접적인 결과물이다.

제7장

나노 기술의 시대

인류, 원자를 길들이다

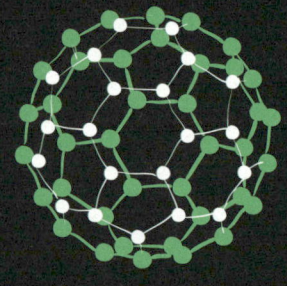

신은 명사가 아니라 동사다.

버크민스터 풀러

우주선 지구Spaceship Earth는 건축가이자 공학자인 리처드 버크민스터 풀러가 인류 활동의 지침으로 삼은 비유다.[1] 우주에서 장거리 항해를 하려면 유지 관리, 협력, 공동 작업, 공정성, 생명유지시스템의 깊은 이해가 필요할 것이다. 우리가 타고 있는 행성 우주선은 창의적으로 설계되어 있다. 승객은 시속 약 170만 킬로미터로 날아가고 있다는 사실을 깨닫지 못한 채, 안전띠도 매지 않고 널찍한 공간에서 맛있는 음식을 먹으면서 지낸다. 이 우주선에서는 모두가 승무원이며, 물과 토양과 공기에 독을 풀지 말고, 승객이 너무 많아지지 않도록 해야 한다는 등의 작업 명령과 필수 지침을 갖추고 있다. 또 중요한 규칙이 하나 있다. 온도 조절 장치를 건드리지 말 것.

나는 수천 가지 제품, 특히 고수익을 내는 제초제와 살충제를 자랑하는 세계적으로 유명한 화학 기업의 경영 워크숍을 주재할 때 버크민스터 풀러의 비유를 썼다. 나는 참석자들을 5개 팀으로 나눈 뒤, 100년 동안 우주를 항해하고 귀환할 때까지 탑승자들과 그 후손들을 지탱할 수 있는 우주선을 설계하라는 과제를 주었다. 우주로 쓰레기를 전혀 배출하지 않는 한, 원하는 만큼 크게 만들 수 있고 빛도 원하는 만큼 받을 수 있다고 가정했다. 그날 워크숍이 끝날 때쯤 각 팀은 설계한 우주선을 발표했다. 그런 뒤 어느 우주선을 타고 갈지 투표를 했다. 우승이 확실한 팀이 있었다. 제네시스Genesis호라는 우승한 우주선은 온갖 디지털 기기를 가득 싣는 대신에, 화가, 가수, 댄서, 극작가, 배우, 시인을 태웠다. 승무원과 승객은 국적, 전통, 인종이 각양각색이었다. 다른 네 팀은 주로 과학에 초점을 맞추었고, 예술이나 다양성, 전통은 언급도 하지 않았다.

제네시스호는 100년 동안 문화를 발전시킬 수 있을 것이라는 희망을 품고서 탑승자를 선정했다. 그러려면 자원을 공정하고 평등하게 배분할 필요가 있었다. 제네시스호는 팀이 속한 기업이 생산하는 제품은 전혀 싣지 않기로 결정했다. 모두 재활용이 안 되는 것들이었고 닫힌계에 너무 유독

했다. 그 기업의 현금 창출원인 살충제는 어떠냐고 노골적으로 묻자, 팀은 건강한 생태계를 유지하려면 곤충이 꼭 필요하다고 설명했다. 그러면 제초제는? 마찬가지로 싣지 않겠다고 했다. '잡초'가 토양을 기름지게 하고 꽃가루 매개자를 부양하기 때문이다. 우승한 팀은 그 직후에 회사 땅을 빌려서 유기농 텃밭을 가꾸기 시작했고, 세 명은 사직했다. 현재의 우주선 지구에서는 인구의 1퍼센트가 행성의 모든 부, 자원, 에너지, 식량, 땅의 거의 절반을 소유한다. 인구의 절반은 땅과 자원의 겨우 1퍼센트를 차지한다.

버크민스터 풀러의 가장 유명한 설계인 지오데식 돔geodesic dome은 물에서 영감을 얻었다. 해군 구명정의 기수로 일할 때, 그는 선미에 서서 뒤쪽을 바라보면서 왜 공기 방울이 생길까 궁금해했다. 이윽고 '공기 방울bubble'은 다른 어떤 구조보다도 재료를 덜 들이면서 가장 큰 부하를 견디고 더 많은 내부 공간을 확보할 수 있다는 사실이 드러났다. 지오데식 돔은 사전 제작된 부품을 써서 빨리 만들 수 있고, 기존 건물보다 표면적이 30퍼센트 적으며, 따라서 냉난방 에너지도 적게 든다. 지오데식 돔은 주택, 온실, 극장, 영국 에덴 프로젝트Eden Project의 바이옴biome, 남극대륙의 방풍 레이더기지, 스페인의 살바도르 달리 미술관, 칠레 파타고니아의 생태

호텔 등 전 세계에 수만 채가 지어져 있다. 가장 큰 것은 지름이 216미터로서, 일본 후쿠오카 호크스 팀의 야구장 전체를 감싸고 있다.

풀러렌의 발견

풀러의 시대에는 순수한 탄소로 이루어진 물질의 형태가 세 가지만 알려져 있었다. 흑연, 다이아몬드, 검댕이나 숯 같은 무정형 탄소amorphous carbon다. 흑연의 표면을 만지면, 원자 하나 두께의 비단처럼 매끄러운 탄소 판 100만 개가 달라붙을 것이다. 각 층은 탄소들이 육각형으로 배열된 형태다. 다이아몬드의 탄소는 3차원 결정구조를 이루고 있다. 1985년 과학자들은 탄소의 네 번째 구조를 발견했고, 그로부터 나노 기술이라는 분야가 탄생했다. 크기가 10억 분의 1미터 미만인 입자를 다루는 기술이다. 나노 기술의 목표는 원자 규모에서 물질을 조작하는 것이다. 분자 크기의 트랜지스터를 상상해 보라.

이 발견은 해럴드 크로토Harold Kroto, 리처드 스몰리Richard Smalley, 로버트 컬프Robert Culp를 비롯한 과학자 6명이 광학분

광기optical spectroscope를 써서 탄소 분자 사슬을 연구할 때 이루어졌다. 분광기는 전자기 스펙트럼에서 빛의 세기를 분석한다.[2] 프리즘에 햇빛을 비추면 백색광이 무지갯빛으로 나뉜다. 분광기도 비슷하다. 입사광을 나누며, 나뉜 파장을 분석해서 천체의 조성, 밀도, 온도를 파악할 수 있다. 각 분자는 독특한 진동수를 지닌다. 들을 수 있다면 분자마다 독특한 소리를 낸다고 말할 수 있을 것이다. 죽어가는 별이 뿜어낸 성간가스 구름을 분광계로 분석한 과학자들은 미지의 탄수 분자 사슬을 발견했다. 컬프는 텍사스의 라이스대학교에서 펄스 레이저pulse laser를 써서 여러 광년 떨어져 있는 가스 구름의 조건을 재현해보자고 했다. 죽어가는 적색거성과 비슷한 온도의 레이저로 흑연의 원자들을 증발시켜보자는 것이었다.

흑연은 플라스마plasma가 되었다. 플라스마는 원자에서 전자가 떨어져 나간 뜨거운 이온 상태의 기체를 말한다. 지구 상공 80킬로미터에서 대기도 기체에서 플라스마로 변한다. 이 하전입자들이 유입되는 태양복사선에 충돌할 때 주름진 커튼처럼 형광으로 빛나는 광경이 보이기도 한다. 바로 오로라다. 지구에는 드물지만, 우주의 99퍼센트는 플라스마로 이루어져 있다. 물질의 다른 세 가지 형태인 기체, 액체, 고체의 원천이다. 이온화한 플라스마가 식을 때, 탄소 원자들은 서로 결합되고 배열되어 고체 상태로 돌아간다. 이 변화를 분광계로 살펴보던 연구진은 탄소 원자 60개가 결합한 커다란 탄소 분자가 생긴 것을 발견했다. C_{60}이라고 이름 붙은 이런 분자가 존재하리라고는 그 전까지 상상도 못했다.

어떻게 구성되었을까? 어떤 모습이었을까? 연구진은 탄소 원자 60개가 어떻게 스스로 조직되어 안정적인 거대 분자를 이룰 수 있는지 의아했다. 스몰리는 가위와 테이프를 써서 돔 모양의 탄소 60개로 된 공 모양의 모형을 만들려고 애썼다. 그들은 탄소가 육각형과 오각형으로 배열된다는 것을 알고 있었으므로, 크로토는 양쪽 형태를 조합하자고 제안했다. 아이들을 위해 크리스마스 별을 그런 식으로 만든 적이 있었기 때문이다. 그리하여 수수께끼가 풀렸다. 오각형 12개, 육각형 20개, 면 32개로 이루어진 공 모양의 우리였다. 속이 빈 분자, 가장 대칭적이면서 미적 아름다움을 지닌 분자였다. 물리학자들은 이 새로운 구조가 지오데식 돔과 비슷하기에 풀러렌 fullerene이나 버키볼 buckyball이라고 부른다.

1985년에 이루어진 이 발견에 전 세계의 화학자들은 흥분했다.[3] 목성 뒤에 숨은 행성을 발견한 것과 같았다. 탄소는 물리학과 화학에서 월등한 차이로 가장 많이 연구되고 분석되고 조사된 원소다. 생명뿐 아니라 지구에 있는 대다수 물질의 토대이기 때문이다. 1985년의 발견 이후에 기존 화학 교과서는 버려야 했다. 탄소의 기본 구조는 세 가지가 아니라 네 가지였다. 스몰리는 그 발견을 '화학자의 크리스마스'라고 불렀다. 그는 그 발견이 1825년 탄소 6개로 이루어진 벤젠고리benzen ring의 발견만큼 중요하다고 했다. 벤젠은 오늘날 만들어지는 대다수 합성 화학물질의 토대를 이루는 유독한 탄수화물이다. 그리고 예상대로 풀러렌은 잇달아 온갖 발명과 활용 전망으로 이어졌다.[4] 이 공 모양 구조는 물에 녹지 않으며, 몸속을 돌아다니다가 원하는 특정한 부위에서 약물을 방출하도록 할 수 있다.[5] 풀러렌은 외래 DNA를 특정한 세포 집단에 전달하여 유전체에 이어 붙이는 유전자 전달에도 쓸 수 있다.[6] 항바이러스제로도 쓸 수 있는데, 예를 들어 단백질 분해 효소를 운반해서 사람면역결핍바이러스HIV의 복제를 차단함으로써 에이즈의 발병을 지연시킬 수도 있다. 또 풀러렌 유도체는 C형간염바이러스를 억제한다. '래디컬 스펀지radical sponge'라는 상표등록을 한 수용성 버키볼도 있는데, 자외선으로 생기는 활성산소로부터 피부를 보호하는 효과가 뛰어나다고 하며, 지금 처방 없이 판매되는 일부 선크림에 들어있다. 블루베리와 강황은 제쳐두기를. 풀러렌은 세상에서 가장 강력한 항산화제라고 여겨진다. 2012년에 올리브유에 C_{60}을 섞어 먹인 쥐들의 수명이 거의 2배로 늘었다는 연구 결과도 나왔다. 아마 노년기의 산화 스트레스를 줄이기 때문인 듯하다(하지만 이 연구 결과는 재현되지 않았다).[7]

운전대가 없는 자동차

많은 연구가 이루어지면서 탄소 원자가 28개인 것부터 108개인 것까지, 풀러렌의 변이 형태들이 다수 발견되었다.[8] 또 1991년에는 한 일본 과학자가 나노튜브nanotube를 발견했다. 탄소 판이 말려서 길쭉한 관 모양을 이룬 것으로서 젤라틴 캡슐처럼 양끝이 막혀있으며, 지름이 1나노미터였다. 사람의 머리카락은 굵기가 평균 8만 나노미터다. 구조적으로 나노튜브는 강철에 비해 무게는 6분의 1이면서, 100배 더 강하다. 현재 나노튜브는 대규모로 생산되고 있다. 유리, 복합체, 센서, 반도체, 알루미늄, 페인트, 세라믹 등 다양한 재료에 전도성, 강도, 경량화라는 특성을 부여하며, 수십억 달러 규모의 산업이 되어있다. 항공 우주, 생명 의학, 전자공학, 풍력 터빈, 배터리, 태양광 등 수십 가지 산업 분야에 나노튜브가 쓰이고 있다. 나노튜브를 쓰면 자동차나 스쿠터 같은 전기 차량의 무게를 25퍼센트까지 줄일 수 있으며, 전체 효율을 30퍼센트까지 높일 수 있다. 차체를 더 가볍게 만들 뿐 아니라 고무 타이어의 저항도 줄인다. 나노튜브는 한 세대 만에 혁신적인 기술이 되었다.

그러나 나노에는 주의할 점도 있다. 현재 생산되고 팔리는 나노튜브 중에 순수한 탄소로 된 것은 드물다. 대개 니켈nickel, 코발트cobalt, 몰리브데넘molybdenum 같은 촉매성 금속으로 코팅되어 있다. 현재 나노튜브의 종류는 5만 가지가 넘는다. 크기, 성질, 추가된 화합물이 다양하다. 또 나노튜브는 가볍고 눈에 보이지 않기에 공기에 떠다녀도 알아차리지 못한다. 맛도 색깔도 냄새도 촉감도 전혀 없다. 석면 섬유와 마찬가지로 나노튜브는 강화하려고 섞은 복합 재료에서 떨어져 나와서 사람의 허파에 비슷한 악영향을 미칠 수 있다.[9] 그 어떤 농약보다도 더 오래 존속하며, 물에 녹지 않고, 생분해되지도 않는다.[10] 가공된 나노튜브를 사용하고 씻어내고 버릴 때 사람의 건강을 해치고 환경을 오염시킬 수 있다. 나노튜브를 다루는 작업자는 흡입과 노출로 고혈압, 폐기종, 심근경색, 콩팥 질환에 걸릴 수 있다.[11] 흡입된 나노튜브는 암, DNA 손상, 심한 염증, 미토콘드리아 막 손상, 세포 죽음을 촉진할 수 있다. 제약 산업은 나노튜브 기술을 좋게 본다. 피부뿐 아니라 세포 속까지 침투할 수 있어서다. 그 말은 부작용을 덜 일으키면서 약물을 정확히 병든 부위로 집어넣을 수 있다는 의미다. 그러나 이는 환경에 있는 나노튜브가 접촉을 통해 몸으로 들어올 수 있다는 뜻이기도 하다. 다시 말하면, 금속이나 오염 화학물질이 나노튜브에 담겨서 곧바로 피부와 허파로 들어올 수 있다는 의미다.

나노튜브가 흔하고 생물학적으로 널리 이용 가능하다는 말은 DDT와 글리포세이트glyphosate와 똑같은 방식으로 먹이 사슬을 따라 위로 올라갈 것이라는 뜻이다. 제조업체는 물과 산acid으로 설비를 씻어서 하수 시설로 내보낸다. 창고에 보관한 페인트 희석제처럼 어떤 물질은 유독하다는 것이 잘 알려져 있다. 반면에 어디에나 있으면서 측정도 가능하고 오래 존속하는 유독 물질도 있다. 세계 최대의 나노튜브 제조업체는 중국과 러시아의 합작 기업이다. 두 나라 모두 환경보호나 규제가 엄격하지 않다고 알려져 있다. 의구심, 걱정, 보고된 위험 사례가 쏟아져도 나노기술의 폭발적인 성장이 늦추어지지는 않을 것이다. 미국 국립과학재단National Science Foundation 나노 기술 선임 자문가인 미하일 로코Mihail Roco의 말은 과학의 낙관주의를 가장 잘 드러낸다. "원자는 약

100가지가 있는데, 지금 우리가 자주 쓰는 것은 20~25가지다. 이 모든 원자들을 나노 규모에서 우리가 원하는 특성을 활용하면서 다양하게 배치하여 사용할 수 있어야 할 것이다."[12] 이는 서양 과학의 폐쇄적이고 동떨어진 신념의 기본 형태다.

버크민스터 풀러가 지구라는 우주선에서 풀러렌, 버키볼, 나노튜브가 판매되고 널리 퍼지는 것을 보고 싶어 했을까? 이런 질문들은 안전 조치가 취해질 것이라는 보장과 함께 금방 내쳐지는 경향이 있다. 과학기술 분야는 현기증이 일어날 만치 나노 물질에 열광하고 있고 그 열기는 더욱더 확산되고 있다. 나노튜브 몇 개로 만든 차틀에 버키볼 4개를 바퀴로 단 '나노 차'도 만들어졌다. 운전대는 없었는데, 이는 의도하지 않았지만 나노기술의 세계를 상징할 수도 있다. 나노기술 분야에는 과학이 처음으로 원자를 '길들일' 수 있게 되었다는 말이 흔히 쓰인다. 그런 유혹은 압도적이다. 심지어 과학자들은 나노 기술을 사람 세포에 접목하자는 말까지 한다. 미토콘드리아와 비슷한 인공 세포소기관을 넣자는 말처럼 들린다.

나노튜브의 명과 암

'길들이다'는 순하게 만들다, 지배하다, 굴복시키다를 의미한다. 선례가 있다. 과학은 1828년부터 유기화학(탄소가 든 화합물을 연구하는 분야)을 활용하여 분자를 길들였다. 최초의 합성물질은 요소였으며, 요소는 지금도 비료, 약, 플라스틱의 원료로 쓰인다. 유기화학은 지금까지 35만 가지가 넘는 합성 화학물질과 화학물질 혼합물을 내놓았다. 연간 2,200만 톤의 화학적 활성 물질이 산업농, 화석연료 채굴, 정유, 건설, 제약, 제조 기업들을 통해 환경으로 배출된다고 추정된다. 대중이나 규제 당국에 알려지지 않은 채 기밀로 유지되고 있는 화학물질도 5만 가지가 넘는다.

대개 배출된 화학물질은 여러 해에 걸쳐 계속 쌓인다. 농업 유출수 때문에 전 세계의 호수와 바다에 형성되었다고 보고된 죽음의 해역은 500곳이 넘는다. 발암물질, 난연 물질, 과불화옥탄산PFOA, 폴리염화바이페닐PCB, 중금속 화합물, 내분비계 교란물질, 프탈레이트, 글리포세이트는 현재 살고 있는 대다수 사람들의 몸에서 발견된다.[13] 이런 화학물질들은 처음 제조되어 시장에 판매될 때 인류에게 상당한 혜택을 준다고 해서 나온 것이다. 나노튜브를 걱정하지 말라고 안전을 장담하는 이들이 틀렸다는 것이 입증되고 있다. 정부 규제는 기존 화학물질들조차도 따라잡지 못하고 있다.[14] 예를 들어, 유럽연합은 프탈레이트를 바닥 건축재로 쓰는 것은 금지하지만, 식품 포장재로 쓰는 것은 허용한다. 미국에서는 립스틱에는 쓸 수 있지만, 빨대 컵에는 쓰지 못한다. 《가디언》은 이렇게 썼다. "연구자들은 프탈레이트를 천식, 주의력결핍과잉활동장애, 유방암, 비만과 2형 당뇨병, 낮은 IQ, 신경 발달 장애, 자폐스펙트럼장애, 이차성징 발달과 남성의 생식능력 문제와 관련이 있다고 본다." 여기에다가 약 5만 가지에 달하는 나노튜브의 규제 문제까지 추가해보라.

풀러렌의 연간 생산량은 무게 단위로 따지면 비교적 적지만, 개수로 따지면 그렇지 않다. 연간 생산량이 약 6,000톤이라면 3×10^{30}개다. 2018년 라셀 다스Rasel Das, 베이 펜 레오Bey Fen Leo, 핀바르 머피Finbarr Murphy는 나노튜브가 쓰이고 있는 수질 정화 분야에서 풀러렌의 위험과 불확실성을 조사한 문헌들을 분석했다.[15] 나노튜브는 표면적이 상대적으로 넓고 화학물질에 반응성을 띠므로 화학적 및 생물학적 오염을 제거하는 데 탁월하다. 문제는 이 여과 과정에서 일부 나노튜브가 민물과 바닷물로 유출된다는 것이다. 나노튜브는 매립지에 묻을 수도 소각장에서 태울 수도 없다. 분해되지 않는다.

녹지도 않는다. 아주 강하다. 즉 나노튜브를 가치 있게 만드는 바로 그 성질들 때문에 나노튜브는 환경의 새로운 영구 거주자가 된다.

숯, 석탄, 석유, 천연가스가 그렇듯이, 탄소는 인류에게 압도적인 매력을 발휘한다. 탄소가 그렇게 쉽게 협력한다는 사실은 탁월한 매력이다. 우리가 탄소와 무엇을 하는지 아는가? 아니, 질문을 바꿔보자. 우리는 협력할까 아니면 강요할까? 풀러는 어떤 문제를 붙들고 씨름할 때면 이렇게 말하곤 했다.

"난 압니다. 해답이 아름답지 않으면, 틀렸다는 걸."

셀룰로스에서 찾은 해답

지난 10년 사이에 전혀 다른 나노기술 연구로부터 새로운 탄소 기술이 출연했다. 량빙 (빙) 후Liangbing (Bing) Hu가 발명했다. 허베이성의 벼와 목화를 키우는 농가에서 태어난 빙은 영재학교를 거쳐서 15세에 대학교에 입학했다. 그는 물리학을 공부했는데 소년답게 관심의 대상이 종종 바뀜에 따라 온갖 규모의 물질에 흥미를 보였다. 은하에서 아원자입자까지 연구하고 탐구하고 살펴보았다. 빙은 20세에 UCLA에서 나노 기술로 박사 학위를 받은 뒤, 재료과학과 공학 전공으로 스탠퍼드대학교 박사 후 연구원이 되었다.

빙과 이야기를 나누어보면, 그가 세상을 보는 방식이 버크민스터 풀러의 것과 비슷하다는 점을 알게 된다. 풀러를 짧게 만난 경험에 비추어볼 때, 눈부신 순수함이야말로 그의 정신을 가장 잘 묘사한 말인 듯하다. 빙은 버크민스터 풀러가 공기 방울을 보던 방식으로 숲을 바라보았다. 셀룰로스는 왜 그렇게 강할까? 그는 알아보고자 작은 세계로 들어갔다. 전자현미경으로 살펴보니, 나무의 셀룰로스 섬유는 구조가 나노튜브와 비슷했고, 나선형으로 한 방향을 향해 자라고 있었다. 셀룰로스 섬유는 탄소 섬유보다 더 강하다는 것이 드러났다. 나와 처음 만났을 때, 빙은 셀룰로스 섬유의 강도를 보여주었다. 그는 복사지 한 장을 쉽게 반으로 찢었다. 어린아이도 할 수 있다. 그런 뒤 그는 새 종이를 집어들더니 양쪽 끝을 잡고 좌우로 당겨서 뜯으려고 시도했다. 당신도 나도 뜯어내지 못한다. 셀룰로스 섬유는 단순하다. 포도당 단량체들이 죽 긴 사슬을 이룬 것이다. 셀룰로스도 탄소 나노튜브와 똑같이 수월하게 자체 결합을 할 수 있는 분자이지만, 비용은 나노튜브의 1만 분의 1에 불과하다.

빙은 가공된 나뭇조각에 든 셀룰로스 나노섬유의 강도를 활용할 수 있다면 새로운 물질을 만들 수 있을 것이고, 그 물질은 강철에 맞먹는 특성을 지닐 것이라고 믿었다. 메릴랜드 대학교에서 빙 연구진은 실험을 시작했다. 먼저 리그닌lignin을 분해하기 위해서 나무를 수산화소듐 용액에 넣고 삶았다. 다시 끓여서 수산화소듐sodium hydroxide을 제거한 뒤, 나무를 섭씨 100도에서 압착해서 두께를 5분의 1로 줄였다. 삶으면 나무가 팽창하면서 안에 공간이 생기고, 그 상태에서 압착하면 셀룰로스 섬유 속의 수소 원자들이 서로 결합한다.

그 결과물을 그는 슈퍼우드Superwood라고 부른다. 강철보다 50퍼센트 더 강하지만, 무게는 6분의 1이고 비용도 절반에 불과하다. 불연성이며(매우 치밀하기에) 단단해서 곤충도 씹어먹지 못한다. 두 슈퍼우드 판 사이에 벌집 구조를 채운 바닥재는 강도와 방음 성능이 콘크리트에 못지 않다. 건축면적 약 17제곱미터의 50층 건물을 상상해보라. 그런 건물을 짓는 데 들어가는 콘크리트와 철근은 약 25만 톤, 트럭으로 1만 2,500대 분량이다. 그러나 슈퍼우드로 짓는다면, 무게가 20분의 1로 줄어들 것이다. 기존의 철근콘크리트 건물에서는 바닥 층이 그 위 49층의 철근과 콘크리트를 지탱해야 한다. 세계무역센터의 쌍둥이 빌딩이 슈퍼우드로 지어졌다면, 둘 다 무너지지 않았을 것이다. 두 건물은 충돌한 항공기의 연료 화재로 한 층의 철근이 약해지자, 자체 무게로 무너졌다.

빙의 발명품은 가열 압착기를 써서 다양한 형태로 성형할 수 있다. 보잉787 드림라이너나 포드150 트럭은 슈퍼우드로 만들면 훨씬 가볍고 저렴하고 안전할 것이다. 얇은 슈퍼우드 판은 총알도 막을 것이다. 메틸메타크릴레이트methyl methacrylate를 집어넣으면, 이 목재는 투명해지며 건축 부문에서 플라스틱이나 유리를 대체할 수 있다. 철강과 콘크리트의 차이점은 거기에서 그치지 않는다. 철강은 세계 온실가스 배출량의 약 8퍼센트를 차지하며, 필요한 곳으로 운반하는 데 드는 배출량을 제외할 때 그렇다.[16] 슈퍼우드는 정반대다. 탄소를 격리시킨다. 다양한 나무로 만들 수 있는데, 대나무가 이상적이다. 대나무는 풀의 일종이다. 전 세계의 철강 사용량을 완전히 대체하고 오로지 대나무로만 만든다고 할 때, 그 대나무를 기르는 데 약 200만 헥타르면 충분할 것이다. 네브라스카 농경지의 150퍼센트 남짓, 세계 농경지의 0.01퍼센트 미만이면 된다. 그러면 철강에서 나오는 연간 배출량 17억 톤을 없애면서, 연간 1억 600만 톤의 탄소를 격리할 수 있다.[17]

위에 말한 것들은 추정값들이다. 하지만 그 기술, 즉 그 소재의 비용과 강도와 실용성은 추정이 아니다. 위의 추정값들은 이 기술이 얼마나 빠르게 받아들여지고 활용되느냐에 따라 달라질 것이다. 예전 사람들이 버크민스터 풀러에게서 보았던 것과 흡사한 천재적인 상상력과 실행력을 우리는 여기서 보고 있다. 미국 에너지부도 이 기술을 천재적이라고 여긴다. 2022년 11월 빙의 회사가 메릴랜드에 시제품 생산 공장을 지을 때 에너지부는 2,000만 달러를 지원했다. 빙이 10년에 걸쳐서 상상하고 완성한 것은 다른 탄소 세계다. 식물 세계를 전혀 다른 방식으로 이해함으로써 인류가 환경에 미치는 영향을 3,000분의 1 미만으로 줄이는 셀룰로스 시대다.

빙은 셀룰로스 나노 섬유의 특성을 이용해서 배터리를 개발한다는 3개년 계획에도 착수했다. 섬유를 압착해서 수소결합을 형성하는 대신에, 섬유들을 분리한다. 보이지 않는 가장 가느다란 미세한 가닥들 사이로 리튬 이온이 자유롭게 돌아다닌다고 상상해보라. 슈퍼우드로 감싼 더 가벼운 배터리다.

제8장

녹색의 연결망
:
식물이 소통하는 법

자연은 집이 필요없다.
자연이 곧 집이니까.[1]

데이비드 조지 해스컬 David George Haskell

매일 새로운 식물을 한 가지씩 살펴본다면, 지구의 모든 식물 종을 다 조사하는 데 1,200년이 걸릴 것이다. 이윽고 지름이 약 4.5미터에 무게가 9킬로그램에 달하는 라플레시아 꽃도, 키가 2.1미터인 농구 선수도 쉽게 그 위에 드러누워 낮잠을 잘 수 있는 큰가시연꽃도, 13만 5,000년 된 클론 군체인 로마티아 타스마니카 *Lomatia tasmanica*도 만날 것이다. 그리고 지름이 27미터에 달하는 거대한 바오밥나무가 아마 정점을 찍을지 모른다(8층 건물을 옆으로 눕힌 길이만큼 넓은 나무를 상상해보라). 너무나 부피가 크기에 속을 파내어 감옥, 술집, 창고로 쓰기도 했다. 지중해의 케르메스참나무 *prickly oak*는 도끼로 베어내고 주변 땅을 불태우고 그루터기가 동물에게 뜯어

제8장 녹색의 연결망   151

먹혀도 다시 자라며, 그 가지 위에 염소가 올라가서 잎을 뜯어먹곤 한다.[2]

다이너마이트나무라고도 하는 후라 크레피탄스*Hura crepitans*는 폭죽이 터지는 세기로 씨 꼬투리를 터뜨리며, 씨를 공중으로 90미터까지 날려보낸다. 이비사 해안에서 발견된 한 해초 집단은 거의 20만 년 된 것이다.[3] 식물은 생물 다양성의 척도이지만, 기후변화라는 맥락에서 식물계를 풍력 터빈, 태양광 단지, 배터리 에너지 저장 시설, 녹색 건물, 전기차와 동일한 차원에서 바라보는 일은 거의 없다.[4] 그러나 초원, 숲, 해초 밭, 관목, 이끼, 덩굴은 지구에서 가장 중요한 탄소 흐름을 이루며, 그 규모는 화석연료 이용을 비롯한 모든 인간 활동에서 나오는 배출량의 10배에 달한다.[5]

식물과 동물은 기원이 같다. 세포핵과 구조막을 지닌 진핵세포에서 나왔다. 8억 년 전 진핵생물 세포의 한 가지는 동물이 되었고, 다른 가지는 식물, 또 다른 가지는 균류가 되었다. 식물과 동물의 기능 면에서 핵심적인 차이는 운동이다. 식물은 한곳에 머물러 있다. 정착성을 띤다. 동물은 공기, 물, 땅을 돌아다닌다. 이동성을 띤다. 식물은 위험에 처할 때 달아날 수 없다. 식물 세계는 오랫동안 무생물로 여겨져왔다. 식물은 울부짖지도 지저귀지도 않고, 카리스마를 풍기지도 않고, 개성도 없으며, 한 자리에 붙박혀 있다.

동물의 장점에 대응하는 차원에서, 아니 움직일 수 없다는 단점을 상쇄하기 위해서, 식물은 환경을 감지하고 환경에 반응하는 20가지 감각을 개발했다. 그에 비해 동물의 감각은 다섯 가지다.[6] 식물은 빛, 공기, 흙, 물로부터 먹이를 만들기 때문에, 먹이를 찾아서 돌아다닐 필요가 없다. 식물은 꽃가루 매개자와 바람 덕분에 멀리서도 꽃가루받이가 이루어진다.

동물은 핵심 기관이 공격을 받으면 죽는 반면, 식물은 핵심 기능들이 모듈 형태로 분산되어 있어서 어느 부위도 필수적이지 않다. 지상부가 다 뜯어 먹혀도, 대개는 재생할 수 있다. 물어 뜯기고 잘릴 때면 식물은 더 왕성하게 자랄 수도 있다. 가지치기를 하는 이유가 바로 그 때문이다. 동물은 발톱, 꼬리, 귀를 심는다고 해서 자식을 얻지 못하지만, 식물은 잘린 잎이나 뿌리에서 새로운 식물이 자랄 수 있다. 우리는 개체다. 즉 '나눌 수 없다'는 뜻이다. 식물은 나눌 수 있는 덕분에 번성하는 군체와 계통을 지닌다. 그렇다고 해서 식물이 만지거나 말하거나 맛보거나 듣거나 맡을 수 없다는 말은 아니다. 식물은 다 할 수 있다.

결혼식, 성인식, 15세 생일 잔치, 장례식은 백합, 장미, 모란, 국화 같은 상징적인 꽃이 없다면 불완전할 것이다. 인류

역사 내내 식물은 존중을 받아왔다. 나무는 숭배되었고, 담배는 신성시되었고, 향모는 고귀했고, 홀리바질은 성스러웠고, 페요테선인장은 귀한 대접을 받았고, 옥수수, 호박, 덩굴콩은 세 자매라고 칭송되면서 함께 심겼다. 식물의 삶과 의미를 다룬 가르침, 신화, 우화는 20세기에 쇠퇴했는데, 아마 식물학의 등장 때문일 것이다. 식물학은 식물 세계를 탐사하면서 놀라운 발견들을 했으며, 그 결과 휴면 생활cryptobiosis, 식물 의존성phytophilous, 이열배열 수술diplostemonous 같은 새로운 어휘들이 등장했다.[7]

탄소 비료가 낳은 비극

1913년 독일 과학자 프리츠 하버Fritz Haber는 전쟁에 쓸 머스터드가스mustard gas를 만들기 위해 질소를 붙들고 씨름하고 있었다. 그는 대기 질소를 쪼개어 질산염atmospheric nitrogen을 합성하는 방법을 우연히 발견했다. 이어서 카를 보슈Carl Bosch는 하버와 함께 암모니아 비료를 저렴하게 대량생산 할 수 있는 고압 제조법을 개발했다. 덕분에 역사상 처음으로 수용성 질소를 겉흙에 뿌릴 수 있게 되었다. 하버-보슈법

Haber-Bosch process을 쓰자, 작물의 생산량이 2배 그리고 3배 늘어났다. 토양은 서서히 작물을 떠받치는 화학적 매체로 전락했다. 식물이 신성하다는, 숭배되고 존중되어야 한다는 믿음은 부를 창출하는 식물의 능력을 선호하는 추세에 밀려났다. 식물은 여느 산업 물질처럼 조작할 수 있게 되었다. 저렴한 비료가 출현할 즈음에, 두 농학자 조지 워싱턴 카버George Washington Carver와 루서 버뱅크Luther Burbank는 식물과 사람의 건강을 개선한다는 목표를 세우고 미시시피와 앨라배마의 목화 단일경작지에서 생물 다양성과 토양 비옥도를 회복하는 일에 매진했다. 버뱅크는 캘리포니아 시베스터폴의 농장에서 잡종 교배를 반복해서 새로운 품종의 과일, 견과, 채소, 나무, 꽃 800가지를 만들어낸 원예 마술사였다.

버뱅크는 한 품종의 어린 식물 수천 개체를 심은 뒤, 수확량, 맛, 색깔, 향기가 더 나은 변이체를 골랐다.[8] 그렇게 선택한 바람직한 변이체들의 씨를 뿌리고 교차 수분하는 일을 하나하나 세심하게 수작업으로 진행했다. 그렇게 해서 맛 좋은 버뱅크서양자두, 플레이밍골드천도복숭아, 프리스톤복숭아, 심은 지 25년이 아니라 3년 뒤에 수확하는 밤나무 등이 개발되었다. 그는 아일랜드 기근이 다시 일어나는 것을 막기 위해서 마름병 저항성을 띠는 감자 품종도 개발했다. 현재 버뱅크러셋은 맥도날드 감자튀김에 쓰인다. 버뱅크는 농업경제학의 미래를 예견한 『사람을 위해 식물을 길들이는 법 How Plants are Trained to Work for Man』이라는 8권짜리 전집을 썼다.

지금은 식물의 변형이 너무나 흔하므로 우리는 거의 알아차리지 못한다. 식물은 식량, 장식, 섬유, 목재로 쓰인다. 다국적 농업 회사 몬산토 monsanto는 버뱅크의 방식에 따라 식물의 유전자를 '인류'에 봉사하도록 재편성함으로써 글리포세이트에 저항성을 띠는 옥수수와 콩을 개발했다.[9] 그들이 상품작물을 개량한 진정한 목적은 몬산토에 복속시키려는 것이었다. 그 기업의 제초제 글리포세이트는 특허 기간이 만료되었고, 이윤이 급감하고 있었다. 몬산토는 자사의 화학적으로 변형된 글리포세이트에 저항성을 띠도록 옥수수와 콩의 유전자를 변형시켰다. 제초제가 작물은 죽이지 않으면서 잡초라는 경쟁하는 식물들만을 죽이는 최초의 사례였다.

이 유전자 변형 종자와 제초제는 분리할 수 없는 관계였다. 농민은 이 특허받은 씨를 살 수 있는 것이 아니었다. 마치 소프트웨어인 양 사용권만 구입할 수 있었다. 사용권 계약에는 농민이 작물에서 받은 씨를 다시 심는 전통적인 방식을 따르는 것을 금지하는 조항이 들어 있었다. 변형된 씨를 받아서 다시 심은 것이 발각되면 손해배상 소송을 당했고, 많은 농민들은 배상을 해야 했다. 탁월하면서도 황폐하게 만드는 경제적 기법이었다. 현재 글리포세이트는 세계에서 손꼽히는 제초제로서, 연간 68만 톤이 쓰인다.[10] 수용성 제초제이기에, 육지 전체로 퍼져서 젖소, 집 먼지, 식수, 아이스크림, 생리대, 유기농 시리얼, 바다사자, 모유에서도 발견되며, 세계 빗물의 75퍼센트에도 들어있다.

크리스마스트리는 예수의 탄생을 축하하는 데 쓰인 뒤, 쓰레기로 버려진다. 남아메리카 마약 카르텔은 돈세탁용으로 밸런타인데이에 팔 농약 범벅 장미를 생산한다. 과학자들은 나무를 비롯한 식물을 기후변화에 맞서 싸우는 '무기'로 삼자는 개념을 앞세운다. 정제된 등유를 대신해 농장에서 기른 바이오 연료로 항공기를 띄우고, 유전자 변형 콩을 바이오플라스틱 원료로 삼고, 깨끗한 거대한 스테인리스 통에서 배양육을 기르자고 말한다. 미국에서는 107곳의 가공 시설이 나무를 건조·가공해서 '재생'에너지 산업이 쓸 펠릿을 연간 1,100만 톤씩 생산한다.[11] 나무를 태우는 것이 기후변화에 좋다는 기상천외한 주장인 셈이다.[12]

저술가이자 식물 이야기꾼인 리처드 메이비 Richard Mabey는 식물이 "대체로 유용하거나 장식적인 물건이라는 지위로 격하되어 왔다"고 썼다. "식물은 지구에 있는 가구, 즉 필요하고 유용하고 매력적이긴 하지만 수동적으로 생장하면서 '그냥 거기에 있는' 것으로 비춰지게 되었다. 식물은 분명히 동물처럼 감각을 지닌 존재로 여겨지지 않는다."[13]

그러나 식물은 확실히 존재하며, 매우 실용주의적인 존재다.

식물의 움직임에는 의도가 있다

식물은 자기 주변에서 어떤 일이 일어나는지를 파악하는 놀라운 방법들을 개발했다. 세균은 유전자가 약 1,000개이고, 균류는 1만 개다. 사람은 약 2만 5,000개로서 생쥐와 비슷하다. 일부 꽃식물은 유전자가 40만 개에 달할 수도 있다. 그렇다고 해서 식물의 지능이 더 높아지는 것은 아니지만, 이는 4억 7,000만 년 동안 진화하면서 쌓인 복잡성을 시사한다. 식물은 움직이지 못하므로 참신한 방식으로 주변을 감지한다. 잎, 줄기, 바늘잎에는 서로 다른 파장의 빛을 포획하도록 적응된 빛 수용체들로 구성된 복잡한 연결망이 펼쳐져 있다.[14] 동물의 눈에는 빛 수용체가 네 가지 있는 반면, 식물의 빛수용체는 13가지로, 그중에는 자외선을 검출할 수 있는 것도 있다.

식물은 빛의 양, 색깔, 방향을 해석해서 생리, 생장, 발달을 조절한다. 잎의 표피에 있는 기공stomata은 새벽에 합창을 하듯이 한꺼번에 열리고, 낮 동안 산소와 이산화탄소를 교환한다. 낮이 너무 더우면, 기공은 수분 증발을 막기 위해 닫혔다가 더 선선해지면 다시 열리고, 밤이 되면 다시 닫힌다. 사람과 거의 다르지 않다. 사람도 날이 밝으면 깨어나고 컴컴해지면 잠이 든다. 식물은 곤충에게 공격받으면 휘발성 화합물을 내뿜으며, 주변 식물들은 이 화합물을 맛과 냄새로 검출할 수 있다.[15]

식물은 습도계도 갖고 있다. 뿌리가 토양 수분을 검출하고 정확히 측정하는 능력을 말한다. 식물은 촉각 단서에도 반응하며, 그래서 뿌리와 덩굴은 장애물을 돌아서 뻗어나간다. 뿌리는 멀리 있는 수원을 탐지해서 그 방향으로 뻗어나간다. 또 질소, 인phosphorus, 칼슘calcium, 미량 광물질 등 땅속의 영양소를 찾아내는 완벽한 코도 지닌다. 우림의 임관canopy을 올려다보면, 같은 종의 나무들이 겹쳐서 빛이 가려지지 않도록 세심하게 서로 다른 높이로 자라고 있음이 보일 것이다. 식물은 생산하는 당의 30퍼센트를 아래쪽 토양으로 보내어, 자신을 먹는 세균, 균류, 개미, 지렁이, 곤충의 공동체를 부양한다. 특정한 광물질이 필요할 때면 식물은 균류와 세균에 특수한 화학적 신호를 보낸다. 그러면 균류와 세균은 효소를 분비해서 모래나 암석에 들어있는 그 광물질이 방출되도록 만든다.

『인간의 유래』와 『종의 기원』을 통해 진화론을 내놓아서 격렬한 논쟁을 불러일으킨 뒤, 찰스 다윈은 생애의 후반기를 식물, 토양, 지렁이를 연구하는 데 바쳤다. 1850년대에 다윈은 아들 프랜시스Francis와 함께 식물의 움직임을 살펴보는 이런저런 실험을 시작했다. 과학계는 이 연구와 결론도 경멸했는데, 그들의 비판이 틀렸다는 것도 나중에 입증되었다. 두 사람은 움직일 수 없는 생물에게 걸맞은 시간표를 써서 식물의 행동을 살펴보았다. 식물은 인내심 많은 관찰자라면 볼 수 있는, 뚜렷한 목적을 갖고 느리게 흔들고 돌리고 뻗으면서 나아간다. 예리한 관찰자인 다윈은 식물의 움직임이 무작위적이지 않고 의도를 지니고 있음을 알아차렸다. 즉 원인과 결과, 자극과 반응에 따르는 것이 분명하다는 의미였다. 다윈은 '하등동물의 뇌처럼' 감각 능력을 갖춘 뿌리 끝에 제어 중추가 있다고 주장했다.

땅속 세계는 지상 세계보다 더 복잡하다. 식물을 잡고서 최대한 부드럽게 뽑아 올릴 때, 딸려 올라온 뿌리는 땅속에 남아있는 뿌리의 1,000분의 1도 안 된다. 식물학자 하워드 디트머Howard Dittmer 연구진은 겨울 호밀 한 개체의 뿌리와 뿌리털을 세어보았는데 1,433만 5,568개였다.[16] 땅속 뿌리의 총표면적은 지상의 줄기와 잎의 표면적보다 130배 넓었다. 보르네오에 사는 이엽시과dipterocarp의 거대한 나무는 뿌리가 수억 개, 아니 10억 개에 달할 수도 있다. 토양 속의 보이지 않는 이 실들은 식물의 감각기관을 형성한다. 달리 표현할 적절한 단어가 없다. 뿌리 끝은 장애물이 단단한지 부드러운지 식별하고, 오염을 피하고, 균사hyphae와 연결되어 균근망mycelia network을 이룬다. 식물과 균류는 균근망을 통해 탄소를 광물질 및 영양소와 교환하며, 이때 놀라울 만치 많은 거래가 이루어진다.

식물의 뿌리가 지상과 지하에서 받는 정보를 어떻게 처리하는지는 잘 모른다. 동물과 달리, 식물은 뇌도, 신경도, 신경계도, 지능이 자리한 신체 부위도 따로 없다. 식물신경생물학자 스테파노 만쿠소Stefano Mancuso는 뇌의 작동 방식을 기술하는 내용이 식물에도 마찬가지로 타당하다고 믿는다. "뉴런은 기적의 세포가 아니다. 전기신호를 발생시킬 수 있는 정상적인 세포다. 식물의 세포는 거의 다 그 능력을 갖고 있다." 뿌리 끝에서는 의사 결정 과정이 끊임없이 일어난다. 그런데 뿌리 끝들은 어떻게 서로 의사소통을 하는 것일까?

뿌리를 연결망으로 삼아서다. 전기신호를 이용하는 하나의 근계라서 해부학적으로 연결되어 있는 걸까? 뿌리는 소리를 내고 전기적으로 생기는 딸깍 소리도 내지만, 이런 소리들 중 일부는 세포와 생장과 관련이 있으므로 의사소통과는 무관할 수 있다.[17] 만쿠소가 옳다면, 식물은 저녁 무렵에 단순한 규칙과 신호를 토대로 전체가 동조하면서 하늘에서 굽이치는 거대한 액체인 양 군무를 펼치는 찌르레기 떼처럼 행동할까?[18] 지도자도 계획도 방향도 없는 식으로?

나무는 비교적 작은 면적에 있는 균류 연결망을 통해서 정보와 영양소를 교환한다. 수백 킬로미터 떨어진 나무들끼리도 의사소통을 할 수 있을까? 결론은 혹할 만하다. 나무는 밤, 도토리, 콩과 식물의 꼬투리, 단풍나무의 날개 달린 씨, 목화의 솜털로 덮인 씨, 버드나무의 솜털로 덮인 씨, 가시 달린 열매 등을 통해 유전물질을 퍼뜨려서 번식한다. 해마다 생산되는 씨앗은 흰발생쥐, 다람쥐, 야생 칠면조, 붉은등밭쥐, 딱정벌레, 새, 사슴, 개미, 멧돼지, 귀뚜라미의 먹이가 된다. 그런데 몇 년마다 넓은 지역에서 같은 종의 나무들이 동시에 놀라울 만치 많은 양의 씨를 생산해서 떨구는 해거리

masting라는 현상이 일어난다. 해거리 주기는 종과 지역에 따라 다르다. 2018년 뉴햄프셔에서 조지아까지 넓은 지역에 퍼져있는 참나무들에서 도토리 수백만 톤이 한꺼번에 맺혔다. 한 그루에 1만 개까지도 달렸다.

신호가 무엇이었을까? 나무들은 어떻게 동조를 이루었을까?[19] 해거리의 원인이 무엇인지를 놓고 몇 가지 이론이 나와있다. 한 이론은 바람에 꽃가루가 많이 흩날려 꽃가루받이가 잘되어서 씨가 많이 맺히는 것이라고 설명한다. 이 설명의 문제점은 바람의 상류 쪽에 있어서 꽃가루를 아예 못 받는 나무들조차도 열매를 많이 맺는다는 것이다.

더 설득력 있는 이론은 나무들이 땅에서 열매를 먹는 동물들이 물려서 나가떨어지도록 의도적으로 한꺼번에 협력해서 많이 생산한다는 것이다. 일부 견과와 도토리가 남아서 싹을 틔울 수 있도록 말이다. 그러나 어떻게 동조를 이루는지는 아직 설명되지 않는다. 보르네오 저지대 숲에서, 우점하는 이엽수과의 나무 종들은 가뭄의 전조인 엘니뇨 El Niño 사건에 반응한다. 숲 전체가 화려한 색깔로 물든다. 나무들의 80~90퍼센트가 꽃을 피운다.[20] 나무 한 그루에서 꽃이 400만 송이까지 피기도 한다. 이런 사건은 대개 4년 간격으로 일어나며, 그럴 때마다 숲 바닥에는 견과와 열매가 잔뜩 떨어진다. 숲의 동물들은 이 계절을 기대한다. 견과와 견과를 먹고 살진 멧돼지를 포식한다.

식물이 꽃 생산량을 늘림으로써 가뭄의 위협에 반응한다고 하지만, 이엽수과 종들은 무려 1억 5,000만 헥타르의 면적에서 동시에 꽃을 피운다. 엘니뇨에 자극을 받아서 대량으로 꽃을 피운다는 사실에서 명확히 드러나듯이, 나무들은 의사소통을 한다. 나무들은 하나의 공동체로서 협력한다. 예전에 추측했던 것보다 식물계가 훨씬 더 발달된 능력을 갖추었음을 말해준다.

인간만이 언어를 쓴다는 착각

나무를 비롯한 식물들이 우리가 이해하지 못하는 방식으로 서로의 말을 듣는 것이 가능할까?[21] 식물이 듣는다는 말이 이상하게 여겨질지 모르겠지만, 식물의 청각 능력은 우리와 다르지 않다. 모든 소리는 진동이다. 동물은 귀를 땅에 대어 움직임과 소리를 감지할 수 있다. 식물은 이미 땅에 있다. 식물은 그 정보로 무엇을 할까? 듣기의 반대는 말하기와 반응하기다. 동물계에서 말하기는 여러 형태를 취한다. 언어는 정보, 확실성, 생존에 관한 것이다. 사람의 대화, 수다, 소문은 지각을 공유하고, 남들로부터 배우고, 불확실성을 줄인다. 스티븐 핑커Steven Pinker는 언어가 "인지의 왕관에 박힌 보석"이라고 말한다. 동물에게 언어는 왕관 자체다. 동물의 생존은 주변에 일어나는 일에 관한 정보를 이해하고 공유하는 데 달려있다. 르네 데카르트René Descartes는 1649년에 사람을 짐승과 구분하는 것이 언어라고 썼다. 지금은 언어와 인지적 의사소통이 모든 종에게 공통된 능력이라고 여겨진다.

언어가 한 종인 호모사피엔스에게서 출현한 새로운 것이라는 믿음은 일종의 예외주의다. 언어는 우리가 출현하기 전 수억 년에 걸쳐서 진화했다. 카리브해 혹등고래가 웅웅거리고 끅끅거리고 울부짖고 노래하는 소리는 아일랜드의 혹등고래도 해석할 수 있다. 코끼리가 우리 귀에 들리지 않는 주파수로 울부짖을 때, 13킬로미터 떨어진 곳에 있는 코끼리는 알아들을 수 있다. 프레리도그는 포식자가 온다고 무리에 경고할 때 형용사를 쓰며, 지역 사투리도 쓴다.[22] 갈색흉내지빠귀는 플루트와 피콜로 같은 소리로 1,900가지 노래를 부른다. 여우의 깽깽거리고 울부짖는 소리는 각각 나름의 의도와 기능을 지닌다. 까마귀는 꾸루룩거리는 소리로 동네에 있는 다른 까마귀들에게 평화롭게 지내고 싶다고 알린다. 버빗원숭이는 뱀을 보면 칫칫거린다. 생쥐는 초음파로 노래하면서 구애하고 경고한다. 박쥐가 서로의 이름과 새끼의 이름을 부르면서 서로를 식별하고, 말싸움을 하고, 과일 조각을 차지하기 위해 싸운다는 것이 연구를 통해 드러났다. 또 코끼리가 새끼를 비롯해서 개체를 소리로 구별한다는 것도 밝혀졌다.[23] 생물들은 지저귀고, 꾸르륵거리고, 찍찍거리고, 꽥꽥거리고, 우짖고, 끌끌거리고, 포효하고, 잉잉거린다.

과학자들은 식물의 언어를 모르기 때문에, 식물의 지능이라는 개념을 대체로 멀리한다. 식물에게 언어가 있다고?[24] 지식을 전달하는 수단이 없다면, 과연 식물이 지능을 지녔다고 말할 수 있을까? 원래의 정의에 따르자면, 지능은 '사이에서 선택하기', 즉 선택하는 과정을 뜻하며, 이 능력은 살아있는 세계 전체에 퍼져있다. 삶이 그냥 무작위적 사건이라고 믿는다면 딱히 할 말이 없겠지만, 그렇지 않다고 볼 때 진화는 이 양자택일 능력이 없이는 일어날 수 없었을 것이다. 식물 군집은 설령 번성까지는 아니라고 해도 생존하기 위해 매 순간 자신의 행동을 바꾸면서, 끊임없이 선택을 한다.

이를 살펴보는 또 다른 방법은 이렇게 묻는 것이다. 43만

8,000가지의 서로 다른 식물들은 어떻게 그 식물이 된 것일까? 풀밭이나 버려둔 땅을 살펴보라. 모여있는 식물 종들이 서로를 알아차리지 못할까? 그럴 가능성은 낮다. 그렇다면 식물은 어떻게 상호작용 하고 연관 짓고 학습할까? 식물이 소리로 의사소통을 할 수 있는지 여부는 논쟁거리다. 동물과 곤충 사이의 종간 의사소통도 폄하되는 마당이니까. 곰이 메뚜기 소리와 붉은꼬리말똥가리의 상승·하강 울음소리의 의미에 아주 민감함에도 말이다. 동물도 그러한데 식물이라니? 식물은 신경계, 뇌, 시냅스synapse가 없다. 인류학자와 민족지학자가 원주민들이 식물과 진정으로 상호작용과 대화를 한다고 언급한 사례들이 있긴 하지만, 과학적으로 철저한 연구가 뒤따른 사례는 전혀 없었다. 이유는 단순하다. 우리는 우리 자신을 무엇이 가능한지 여부를 판단하는 기준점으로 삼기에, 그런 사례들을 불신과 회의적인 시선으로 바라보기 때문이다.

식물의 언어

해양생태학자 모니카 가글리아노Monica Gagliano는 식물의 생물음향학, 즉 식물음향학을 최초로 체계적으로 연구한 과학자 중 한 명이다. 식물이 어떻게 소리를 내고 소리에 반응하는지를 연구하는 분야다. 그녀는 종 내 의사소통과 식물의 인지를 다룬 논문들을 많이 썼다. 그녀는 '산호초 쥐 reef rat'였을 때 우연히 식물이 지닌 의식, 기억, 학습 과정에 관심을 갖게 되었다. 산호초 쥐는 오스트레일리아 그레이트 배리어 리프의 물속에서 거의 살다시피하는 이들을 가리키는 애칭이다. 그녀는 암본자리돔 Ambon damselfish의 의사 결정 과정을 연구하고 있었다. 처음 발견된 인도네시아 암본섬의 이름을 딴 샛노란 종이다. 그 연구는 어미가 어떻게 환경이 달라졌다는 정보를 자식에게 전달하는지에 초점을 맞추었다.

모니카는 몇 달 동안 매일 그 물고기 떼를 찾아가서 지켜보았다. 이윽고 물고기들은 그녀를 알아보았고 그녀가 내민 손에 다가들고 장갑으로 감싸도 가만히 있곤 했다. 그녀는 암수의 구혼 의식과 맺어진 부부, 그 새끼들을 관찰했다. 또 그들의 사랑 노래도 녹음했다. 마치 메마른 앞 유리창을 와이퍼가 긁는 소리처럼 들렸다. 와이퍼 노래뿐 아니라, 암본자리돔은 부레를 써서 팡팡, 치르르, 딸깍 소리도 낸다. 이런 소리는 그들의 행동을 드러내고 인도한다.

연구를 끝내려면 모니카는 자리돔 무리를 잡아 해부해서

기관들을 떼어내 분석해야 했다. 먹이, 나이, 근육조직, 생식능력을 파악해야 했다. 이윽고 결심한 그녀는 마지막 날 아침에 작별 인사를 하러 산호초로 갔다. 그녀는 깜짝 놀랐다. 자리돔이 한 마리도 보이지 않았고, 산호초는 유령이 나올 듯한 분위기를 풍겼다. 물고기들도 알았던 것이다. 함께 지낸 시간은 분류학적 경계를 무너뜨렸다. 의사소통이 있었고 물고기들은 그녀를 알고 믿게 되었지만, 작별 인사를 받지 않았다. 그녀는 오후에 다시 돌아가서 자리돔들을 안락사 시켰다. 대학 윤리 위원회는 그녀의 연구를 승인했지만, 물고기들은 자신들이 승인하지 않았음을 알렸다. 그녀는 마음에 상처를 입었다. 자신이 더 이상 그런 유형의 과학 연구를 할 수 없으리라는 것을 깨달았다. 더 나아가 자신이 과학자가 되고 싶은지조차 알 수 없게 되었다.

 논문을 끝낸 뒤, 그녀는 집에 틀어박혀서 텃밭을 가꾸면서 시간을 보냈다. 그 은거 생활은 그녀의 삶에 전환점이 되었다. 그녀는 채소들과 함께 고추, 바질, 회향을 길렀다. 바질과 고추를 함께 키우면 잘 자란다는 것을 알고 있었다. 바질은 토양 수분을 머금어서 흙을 덮은 짚 역할을 할 뿐 아니라, 고추를 보호하는 살충제도 분비한다. 반면에 회향은 이웃 식물의 생장을 억제하는 물질을 공기와 흙으로 방출해서 타감작용 allelopathy을 일으킨다. 식물과 토양 사이의 화학적 신호 전달 양상은 많이 연구가 되어있다. 나방 애벌레가 잎을 뜯어 먹을 때, 식물은 애벌레를 쫓아내기 위해 화학물질을 합성한다. 이 방어 화학물질은 공기로 퍼지며, 그 신호를 받은 주변의 식물들도 방어 물질을 합성한다. 화합물은 종류가 아주 다양하며, 각 분자는 제 나름의 의미를 지닌다. 프레드 프로벤자는 이렇게 썼다.

"식물의 언어는 유기화학이다. 40만 종으로 추정되는 지구의 식물 종 각각은 1차 및 2차 화합물을 수십만 가지 합성할 수 있다. (…) 20가지에 불과한 화합물 '글자'를 다양한 양으로 서로 다르게 조합하고 또 이차 화합물들과도 그렇게 함으로써 수조 가지의 '단어'를 만들어낼 수 있다."[25]

식물이 소리 등 다른 경로를 통해서도 신호를 주고받는지 알아보기 위해서, 모니카는 높은 평가를 받은 해양 연구를 할 때 썼던 방법을 식물 연구에 적용했다. 그녀는 아크릴 수지 원통 안에 바질을 심은 뒤 밀봉해서 커다란 상자의 한가운데 두었다. 그 주위로 원을 그리면서 고추를 심었다. 아크릴 수지는 외부와 공기 속 화학물질, 곰팡이 포자, 뿌리의 접촉을 막았다. 분자 하나조차 오갈 수 없었다. 또 식물들은 진공펌프에 연결되고 바깥의 더 큰 상자에 둘러싸여서 각각 격리되었다. 그리고 다른 상자의 식물들이 안 보이도록 검은 비닐로 차단했다. 그런데 바질을 중앙의 실린더 안에 두었을 때 그렇지 않을 때보다 고추씨들의 발아율이 눈에 띄게 높아졌다.[26] 놀랍게도 회향을 중앙에 놓자 고추가 더 빨리 발아했다. 마치 회향의 위협이 생장 주기를 가속시킨 듯했다. 이는 탁 트인 경관에서도 볼 수 있다. 식물들은 협력하겠지만, 경쟁자에게 위협을 받으면 생장의 속도와 범위가 달라질 것이다.[27] 고추는 바질이나 회향이 옆에 있다는 것을 어떻게 알 수 있었을까? 자리돔의 사례에서와 같은 질문이었다. "그들은 어떻게 알까?" 이 사례에서는 오로지 소리로만 가능했다.

식물은 스트레스를 받으면 초음파 음향신호를 내보내고 감지한다고 알려져 있다.[28] 탈수 상태에 이르면, 식물은 특정한 소리를 낸다. 탈수 상태가 지속되면 그 신호는 더 증폭되고 초음파 '비명'이 되며, 이윽고 거의 죽음에 이르면 희미해진다. 식물의 종류와 스트레스의 유형에 따라 소리가 다르다. 박쥐, 생쥐, 곤충은 그 소리를 들을 수 있다. 어린 옥수수의 뿌리 끝은 녹음된 물소리를 들려주면 그 방향으로 뻗는다. 실제 물이 없음에도 그렇다. 옥수수의 뿌리 끝은 어떻게 한 번도 들어보지 못한 이로운 소리를 알아차릴까? 음향

학적으로 보면 옥수수 뿌리는 파형이 체계적으로 뾰족하게 솟구치는 양상을 보이는 찍찍 소리를 낸다.[29]

모니카는 중요한 점을 지적한다. 자신의 발견들이 어린 고추 식물이 다른 식물과 어떻게 정보를 교환하는지를 역학적으로 설명하지는 못했지만, 그 방향으로 이정표를 세웠다고 말한다. 불투명하고 컴컴하게 가려진 밀봉된 아크릴수지 판 뒤에서 이웃과 신호를 주고받는 최고의 방법이 소리 말고 또 있을까? 소리와 진동을 감지하는 능력은 모든 생물의 행동 양상 및 그 생물과 환경의 관계에 관여한다. 식물만 소리를 내지 않을 이유가 어디 있겠는가? 뻔한 반론은 식물에게 귀가 없다는 것이다. 그러나 연구자들은 식물의 잎에 난 미세한 털이 동물의 속귀에 있는 털 세포처럼 소리에 민감하다는 것을 밝혀냈다. 모니카는 이렇게 믿는다.

"인류는 듣고 싶지 않은 이들의 목소리를 침묵시킨 전력이 있다. 우리는 (…) 대화의 가능성 자체를 무의식적으로 무시하거나 의도적으로 배제시킴으로써 그렇게 한다. 남도 우리와 동등하다는 것을 인정하지 않음으로써다."

모니카의 경우에는 식물학계가 바로 그랬다. 학술 대회에서 그녀에게 야유를 보내기까지 했다. 조이 슐랭거 Zoë Schlanger 는 그런 자리에서 큰 소리로 항의하고 야유하는 이들이 늘

남성들이라고 지적한다.[30] 그런데 바로 그 남성 식물학자들은 해변달맞이꽃beach evening primrose이 벌의 윙윙거리는 소리를 들은 지 3분도 지나지 않아 꽃꿀 생산량을 늘린다는 것은 아낌없이 인정한다.[31] 과학은 수백 년 동안 식물을 객체화해왔다. 그러니 여성 생물학자에게도 그러지 않을 이유가 없지 않을까?

이 행성에서 누가 더 중요할까?

지구 생물량의 80퍼센트는 식물이 차지한다. 식물은 햇빛의 에너지를 써서 이산화탄소와 물을 포도당으로 전환하며, 이 당 분자는 전 세계를 돌아다닌다. 식물은 포도당을 써서 뿌리, 줄기, 잎을 더 만든다. 식물은 자라면서 포도당 공장이 된다. 뿌리는 물과 양분을 더 많이 제공한다. 잎은 늘어날수록 포도당을 더 많이 생산한다. 식물의 적응하고 생성하고 번성하는 능력은 동물계의 것을 초월한다. 우리를 비롯한 크고 작은 동물들의 영양과 생존은 전적으로 식물이 만든 포도당에 의존한다. 식단에서 포도당을 제거한다면, 우리 몸의 모든 부위는 쇠약해지고 오그라들 것이다. 조이 슐랭거는 『빛을 먹는 자 The Light Eaters』에서 이렇게 썼다.

"우리 뇌에 떠오르는 모든 생각은 말 그대로 식물 덕분에 가능해졌다. 더할 나위 없이 명백한 사실이다. 세상의 모든 포도당은 (…) 식물이 옅은 공기에서 만들어낸 것이다."[32]

식물은 오랫동안 수동적으로 빛을 변환하는 줄기와 잎으로 이루어진 무생물 집단으로 여겨졌다. 지금 식물학은 경이로운 다른 세계를 발견하고 있다. 식물은 신경전달물질과 신경계를 지니지만, 감각 정보의 입력들을 통합하거나 저장하는 뇌 같은 중추적인 기관이 전혀 없다.[33] 다윈이 예측했듯이, 식물은 의도를 갖고 구부리고 돌아가고 흔들고 기고 피한다. 식물 세포는 셀 수 있다. 식물은 자신의 호르몬을 지니고 조절한다. 식물은 말을 한다. 식물은 먹히지 않기 위해 다른 식물들에게 화학적 경보를 발한다. 자기 종에게만 통용되는 경보도 있다. 보편적인 경보도 있다. 이웃한 오리나무와 버드나무는 휘발성 화학물질로 수다를 떤다. 그것이 왜 언어가 아니란 말인가?

당신이 잎이나 줄기를 만지면, 식물 전체는 알아차리고 반응한다(식물이 그 접촉을 아주 좋아해서가 아니다. 아마 먹힐 수도 있다고 자기 자신에게 경고하는 듯하다). 당신은 발이 가려우면 알아차린다. 담쟁이와 토마토도 마찬가지로 알아차린다. 아마 더욱더 잘 알아차릴 것이다. 그런데 어떻게? 접촉이 반복되고 지속되면, 식물은 자신의 화학과 구조를 바꾼다. 그런데 어떻게 그런 결정을 내리는 걸까? 무엇이 결론과 판단을 끌어낼까? 식물 세계가 사람의 세계보다 더 복잡하다면?

일부 식물학자는 검열을 걱정해서, 속으로 급진적인 질문을 던진다. 식물 전체가 일종의 뇌라면?[34] 동물만큼 또는 동물보다 더 자신의 주변을 잘 알고 끊임없이 적응한다면? 식물학자들은 우리 뇌처럼 식물 전체의 신경계가 어떻게 활성을 띠는지를 보여주는 기법을 개발해왔다. 우리가 식물이라고 부르는 지구 생물량의 80퍼센트가 의식이 있다면? 현대 과학을 아연실색게 하는 개념이지만, 전통적인 생태학적 지혜에는 들어맞지 않을까? 나는 식물이 주변의 운동을 시각적으로 감지하는 능력을 지닌다는 스테파노 만쿠소의 글을 읽었던 때를 기억한다. 우리 집에서 도로까지 나아가는 길에는 미국삼나무 27그루가 서있다. 더 나이가 많은 두 그루는 둘레가 약 2.7미터이고 25미터 높이까지 솟아 있다. 으레 보기에 너무 익숙해져서 거의 무심코 지나치곤 했다. 그러던 어느 날 나는 삼나무들이 나를 눈여겨보고 있음을 인식했다. 그것이 바로 우리가 사는 세계다.

우리와 생물권의 관계는 인류 앞에 어떤 일이 펼쳐질지를 결정할 것이다. 뻔히 보이는 악화의 길을 벗어나 생태적 회복의 길로 나아가려면 식물의 세계를 알고 존중해야 한다. 아마 경외심을 가져야 한다는 표현이 더 적절할 듯하다. 식물은 지구에서 가장 규모가 크고 가장 절묘한 탄소 흐름을 보여주는, 우리의 호흡과 생명의 출발점이다. 우리는 이렇게 물을 수도 있다. 이 행성에서 누가 더 중요할까? 식물일까, 사람일까?[35] 식물이 사라지면, 우리도 뒤따를 것이다. 며칠 사이로. 우리가 사라지면 식물은 번성할 것이며, 우리 문명의 잔해는 나무, 뿌리, 덩굴로 뒤덮일 것이다.[36] 우리는 자신이 지구에서 가장 중요한 생물이라고 생각하곤 하지만, 그 망상은 재고해봄 직하다.

제9장

곰팡이 왕국
:
생명의 무덤이자 자궁

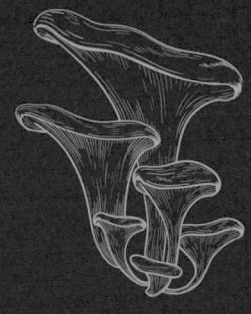

홀씨의 시대가 왔다.[1]

피터 매코이 Peter McCoy

토비 키어스Toby Kiers는 균류myco를 사랑한다. 어릴 때 그녀는 하얀 겉옷을 입고 놀러 나갔다가 탄광 광부처럼 새까매져서 돌아오곤 했다. 몸, 코, 귀를 흙에 대고 놀았기 때문이다. 흙의 다양한 향기와 냄새에 너무나 매혹되어서였다. "사람이 접하는 가장 복잡한 오페라 중 하나"였다. 어릴 때 그녀는 흙이 비밀을 간직하고 있다고 믿었다. 이어서 학생과 연구자가 되어 그녀는 숨겨진 동역학으로 가득한 거대 도시인 지하 세계를 탐사했다. 그녀는 마이크론micron 수준에서 식물과 균류의 자원들이 사방으로 빠르게 움직이면서 적어도 지상의 사람들이 하는 것만큼 복잡한 상호작용을 하고 있음을 보았다. 그들은 지상과 지하의 살아있는 세계를 끊임없이 재형성하는 무한히 많은 접점으로 연결된 균근망을 이루고 있었다.

균류 공동체는 암석을 먹고, 토양을 만들고, 폐기물을 재활용하고, 정신에 영향을 미친다. 살아있는 모든 것은 균류와 어울린다. 균류는 먹고 분해하고 침입하고 토양, 대기, 식물과 상호작용 하는 땅의 치료사이자 생명의 대사 활동자이자 유지자다. 지구의 연결 조직이다.[2] 균류는 10억 년 전에 출현했고, 모든 식물, 뿌리, 나무, 동물, 흙을 하나로 엮는다. 200여 년 동안 균학은 소외된 과학 분야였고 지금도 그렇다. 균류는 식물이자 병원체로 여겨졌지만, 유전자, 기능, 대사가 점점 밝혀짐에 따라서 1969년 분류학적으로 별도의 집단으로 인정을 받았다. 생태학자 R. H. 휘태커 R. H. Whittaker를 통해 5대 계 kingdom 중 하나로 인정을 받았다.[3]

멀린 셸드레이크 Merlin Sheldrake는 균류를 '킨덤 kindom'이라고 부르는 편이 더 적절하다고 주장한다. 다른 네 계의 토대를 이루는, 오랫동안 간과된 거대과학을 의미한다. 굳이 따지자면 균류는 식물계보다 동물계에 더 가깝지만, 뚜렷한 차이가 있다. 균류는 몸 바깥에서 소화한 뒤에 소화된 것을 흡수한다. 먹이의 안으로 자신의 몸을 집어넣는다고 상상해보라. 외부에서 소화하는 이 방식을 통해 균류는 자연 세계를 분해하고 에너지와 영양소를 재분배한다. 어떤 의미에서 보면, 균류는 죽음을 아침 식사로 삼고 생명을 저녁 식사로 내놓는 생명의 무덤이자 자궁이다. 킨덤의 한 가지 핵심 메시지는 죽음이 삶의 시작이라는 것이다. 균류가 없다면 생태계도 존재하지 못할 것이다. 그리고 빵, 포도주, 요구르트, 맥주, 치즈, 초콜릿, 실로시빈psilocybin●도 없을 것이다.

토비는 육상식물의 약 90퍼센트에 중요한 영양소를 공급하는 토양 균근류mycorrhizal fungi를 연구하는 저명한 진화생물학자가 되었다. 균근류는 깃털 같은 하얀 균사체를 사방으로 뻗으며, 이 균사체는 초원, 숲, 농경지에서 식물과 토양의 생물학과 화학을 변화시킨다. 균근이란 균류와 식물의 뿌리계rhizome 사이의 관계를 가리킨다.

균사체는 균류의 실같이 뻗어나가는 생장 부위로서, 썩어가는 나무나 바닥에 깔린 축축한 낙엽 더미 밑으로 뻗어나가면서 끈적거리는 하얀 실처럼 뒤덮는다.[4] 균사체는 세포벽 하나 굵기로 계속 갈라지고 가지를 치면서 뻗어나가 이루 헤아릴 수 없이 넓은 연결망을 이루며, 식물계 및 토양에 살아가는 온갖 생물들과 직접 접촉하는 방대한 지하 덮개를

● 의약품으로 사용되는 환각 물질.

형성한다. 우리는 균류를 주로 버섯이라는 형태로 접한다. 버섯은 땅속에서 자라는 균류가 공중으로 홀씨를 퍼뜨리기 위해서 일시적으로 땅 위로 내미는 자실체fruiting body다. 균류의 번식력은 지구의 다른 모든 종을 능가한다. 거대한 댕구알버섯 하나는 터지면서 먼지구름을 피워올릴 때 홀씨 7조 개를 내뿜을 수 있다.

잔나비불로초라는 기생성 균사체는 살아있거나 죽은 나무의 심재에서 자라며, 몇 달 동안 하루에 300억 개씩 홀씨를 방출할 수 있다. 균류 자실체는 맛있는 것도 있고 치명적인 것도 있으며, 균사체들이 함께 뭉쳐서 두껍고 푹신한 토대를 형성하면서 만들어진다. 균류의 꽃, 즉 번식 방법이라고 생각하면 된다. 우리는 매일 숨을 들이마실 때마다 균류 홀씨를 들이마신다. 홀씨는 바람과 폭풍에 휩쓸려서 대양을 건널 수도 있다. 먹이를 찾아내지 못하면 금방 죽는 홀씨도 있다. 반면에 4,500년 된 얼음 코어에서 살아있는 홀씨가 발견되기도 한다.[5] 토양으로 침투해서 토양을 부양하는 균근류는 가지 모양 균류로서, 이들은 자실체를 형성해서 홀씨를 퍼뜨리지 않는다.[6]

식물과 곰팡이의 공생

균류와 식물의 혼인은 오랜 역사를 간직하고 있다.[7] 이 관계는 거의 5억 년 전 캄브리아기에 시작되었다. 그 시대의 어느 시점에 연못의 더껑이로 더 잘 알려져 있는 남세균cyano-bacteria이 연안으로 밀려들어서 육상식물로 진화할 준비를 시작했다.[8] 균류는 그보다 적어도 7억 년 전부터 바다에 존재했다. 쏟아지는 산성비 아래에서 조류와 균류는 뒤엉켜서 암석이 드러난 헐벗은 땅을 연녹색 덮개로 뒤덮었다. 육상식물의 선례였다. 남세균은 바다로부터 선물을 들고 왔다. 빛과 이산화탄소를 써서 에너지를 합성할 수 있었다. 균류는 효소를 써서 암석을 녹여 식물이 생장하는 데 필요한 양분을 흘러나오게 할 수 있었기에, 완벽한 짝이었다. 바다에 사는 남세균은 오늘날 우리가 호흡하는 산소의 절반을 제공하며, 동물성 플랑크톤부터 한 입에 동물성 플랑크톤 50만 칼로리를 먹어치우는 몸무게 200톤에 달하는 대왕고래에 이르기까지, 해양 먹이사슬 전체를 떠받치는 토대가 된다.[9]

시간이 흐르면서 원시적인 식물, 광물질, 탄소, 미생물의 덮개 아래 유기 퇴적물이 쌓여서 층을 이루었다. 최초의 식물인 이끼는 잎도 뿌리도 없었으며, 5,000만 년 동안 균류를 뿌리계로 삼아서 살아갔다. 그 뒤에 쇠뜨기와 고사리가 출현했고, 이어서 나무, 숲, 마침내 풀이 진화했다. 풀은 약 4,000만 년 전에 출현했다. 벼, 옥수수, 밀 같은 풀씨들은 인류 열량 섭취량의 60퍼센트를 공급한다.[10]

전형적인 숲 0.4헥타르 밑에는 5,000만 킬로미터의 균사체망이 있다. 골무만 한 흙에 길이 약 1킬로미터의 균사체가 들어있는 셈이다. 균사체 공동체의 접점과 상호 연결은 인터넷보다 수백조 배 더 복잡하다. 한 뽕나무버섯 Armillaria 종류는 오리건 멀루어 국립림의 10제곱킬로미터를 뒤덮고 있으며, 수명이 2,000~8,000년이라고 추정된다. 균류가 죽은 것들을 먹어치우지 않는다면, 숲에는 죽어서 쓰러진 나무들이 산더미처럼 쌓이게 될 것이다. 푹신한 숲 바닥은 잘 조율된 죽음과 부패의 산물이다. 우리 집의 유기물 청소는 균류가 수행하는 중요한 기능 중 하나일 뿐이다. 살아있는 세계를 먹어치우는 일도 그렇다.

우리는 균근류가 토양과 식물에 미치는 영향을 이제야 겨우 이해하기 시작했다. 각 식물은 저마다 독특한 균류의 퀼트 작품이다. 균류가 만드는 조 단위의 화학물질은 식물의 건강에 필수적이다. 균사체는 뿌리계를 감싸는 덮개를 이룬다. 게다가 균사의 미세한 가닥은 뿌리 끝으로 침투해서 물과 무기질을 직접 공급하고 그 대가로 식물이 광합성을 통해 생산한 탄소 당과 지방을 받는다. 균사체는 당과 지방에서 나오는 에너지가 필요하다. 식물은 영양소, 질소, 인, 무기질이 필요하다. 균사의 자라나는 끝부분은 공생하는 양상을 보이면서, 식물 전체의 요구에 부응한다. 많은 사막식물은 이런 관계가 없다면 존재하지 못할 것이다.

토양이 점점 더 뜨거워지고 메말라가는 시대에, 균근류와의 관계는 식물의 생존에 더욱 중요해질 것이다. 식량 산업이 현재 쓰고 있는 농사 방식은 쟁기, 경운, 제초제, 살균제, 살충제로 균사체를 파괴한다. 산업적 농업은 작물의 회복력, 양분 흡수율, 가뭄 저항성, 영양소 밀도를 떨어뜨린다. 집약적 경작을 통해 옥수수 시럽, 바이오에탄올, 사료용 곡물을 생산하는 옥수수밭은 생명이 거의 없는 곳이다. 그 척박해진 땅의 훼손된 균근류 공동체가 회복되려면 몇 년, 아니 수십 년이 걸릴 수도 있다. 우리는 잘못된 방향으로 나아가고 있다.

금세기 중반까지 지구 토양의 90퍼센트가 심하게 훼손될 것이라고 추정된다.[11] 최근까지 농업학교 교과과정에 균근류의 존재를 상정하거나 균근류를 증식시킬 방안을 다루는 내용은 전혀 없었다. 그러나 균류는 토양의 건강을 결정하며, 토양의 건강은 식물의 건강 및 식물을 먹는 모든 생물의 건강을 결정한다. 토양의 미생물군계는 식물의 영양소를 결정하며, 후자는 사람의 장내 미생물군을 먹여 살린다. 살아 있는 토양은 영양의 주된 원천이다. 화학 농법은 결코 그 사실을 바꿀 수 없을 것이다. 그저 그 과정을 악화시키기만 할 수 있다.

식물을 흙에서 캐내면, 지상부의 비대칭적인 거울상을 보게 될 것이다. 여기에다가 상호 연결된 균류의 규모를 더하면, 뿌리가 물과 양분을 흡수하는 능력은 10~1,000배 증가한다. 게다가 균근 연결망은 토양구조를 개선하고, 양분 용출을 줄이고, 수확량을 늘리고, 식물이 인과 질소를 비롯한 무기질을 흡수하는 능력을 증폭시킨다. 이는 균류의 이타주의가 아니다. 식물-균류 관계에도 수요와 공급의 원리가 작동한다. 양쪽은 번성하기 위해 필요한 것들을 서로 교환한다.

키어스는 자외선을 쬐면 빛을 발하는 나노 입자를 다양한 분자에 붙여서 균류의 동역학을 추적 관찰했다. 일종의 교역이 이루어지고 있다는 사실이 가시적으로 뚜렷이 드러났다. 식물과 균류 사이의 교역 전략은 복잡하고 정교했다.[12] 결정과 전술은 고도로 복잡한 차원에서 일어나고 있었다. 식물 하나에는 균근류의 균사와 연결된 뿌리 끝이 100만 개에 달할 수도 있고, 각 균사는 독립적으로 활동하지만 자율적이지는 않다. 키어스는 균류의 거래가 시장의 거래와 비슷해 보인다고 말한다. 균류는 '싸게 사서 비싸게 파는' 전략을 쓰는 듯했다. 어느 한곳에 인이 풍부하다면 저장해 두었다가, 인이 부족한 식물과 교환할 때 더 많은 탄소를 대가로 받았다.

키어스는 인이 부족한 뿌리를 인을 풍족하게 얻고 있는 뿌리에서 멀지 않은 곳에 두는 실험을 했다. 균사체는 뿌리들 중 한 집단에 인이 부족하다는 것을 알아차리자, 인을 그 지역으로 운반해서 더 많은 탄소와 교환했다. 식물에 인이 풍부하다면, 균류는 인을 비교적 적은 탄소와 교환했다. 교환 비율은 상황에 따라 달라지며, 식물과 균류 양쪽이 다 계산한다. 농산물 직거래 시장에서 파장 무렵에 농민이 남은 토마토를 다시 집으로 가져가지 않기 위해 할인해서 파는 것과 다르지 않다.

키어스는 지구 균근 공동체의 생물 다양성 지도를 작성하기 위해 지하연결망 보호협회The Society for the Protection of Underground Networks, 이하 SPUN를 설립했다. SPUN은 전 세계의 균학자에게 각 지역의 연구자들과 협력해서 온갖 유형의 생태계로부터 토양 표본을 채집하라고 권한다. 균근류의 종류와 다양성을 파악하고 지역별 차이를 알아내고, 균류 세계지도를 만드는 것이 목표다. 균류의 보호와 영속성을 담보할 생물학적 기본 안내서다. 동물이나 식물과 달리, 균류는 다른 토양이나 생태계로 옮길 수가 없다. 원래 자라는 곳에 맞게 적응해 있고, 그 환경이 바뀔 때 따라서 바뀐다.[13] 영국의 균학자 줄리아나 푸르치Giuliana Furci는 400년 된 나무의 껍질에 사는 균류가 390년 된 나무의 것과 다르다는 것을 보여주었다. 영국 큐 왕립식물원의 균학자들은 학계에 알려진 균류 종이 10퍼센트도 안 되고[14], 발견되지 않은 종이 220만~380만 가지에 달할 것이라고 추정했다. 지구 종의 약 30퍼센트에 해당한다.[15] 키어스는 지구 생명의 이 '암흑 물질dark matter'이라고 불리는 것을 지도에 담고 있다.

천연의 탄소 포집기

최근에 키어스 연구진은 동료 심사를 거쳐 학술지에 실은 논문에서 식물로부터 균근류로 흘러가는 이산화탄소가 연간 132억 톤에 달한다고 추정했다. 이 값은 보수적으로 추정한 것이며, 이산화탄소 세계 최대 배출국인 중국과 미국의 연간 탄소 배출량을 합친 양과 비슷하다. 이는 탄소 흐름의 핵심 통로 중 하나이며, 이 통로로 들어간 탄소의 상당량은 토양에 사는 생물이 흡수한다. 하지만 이런 균류의 탄소 포획은 거의 완전히 무시되는 반면, 탄소를 기계적으로 빨아들이는 직접 공기 포집 direct air capture, DAC은 누가 발표만 하면 득달같이 표제 기사로 실린다.

옥시덴털 페트롤리엄 Occidental Petroleum이 텍사스 엑터 카운티에 짓고 있는 탄소 포집 시설인 스트래터스 Stratos는 지금까지 구상된 그런 시설 중 가장 클 것이고, 그런 시설을 100개 더 지어서 공기에서 이산화탄소를 '빨아들여' 액화해 지하 지질층으로 주입한다는 계획도 나와있다. 이 시설의 건설비는 10억 달러로 추정되었다. 가동하는 데 연간 3억 달러가 들 것이며, 연간 50만 세제곱톤의 이산화탄소를 포집할 예정이다. 균류가 19분이면 포획할 양이자, 세계가 293초 동안 배출하는 양이다. 대기 탄소 포집기라고 알려진 이 시설은 생물이 수십 년 동안 해온 일을 한다. 의류 건조기가 있는 미국의 모든 가정이 연간 6~7회 빨래를 그냥 빨래걸이에 넣어 말린다면, 엑터 카운티의 시설이 포집하는 양보다 더 많은 온실가스 배출을 줄일 수 있을 것이고, 전기료도 30억 달러 절약될 것이다.

토비가 현미경을 관찰한 균사체망에서 탄소는 양방향으로 복잡하게 흐른다. 이 탄소 흐름은 어떻게 정해지고 조절될까? 아무도 모른다. 고정되는 탄소는 복잡한 구조를 이루며, 긴 사슬을 이룬 것들은 수백 년, 심지어 수천 년 동안 토양에 남아 있을 수도 있다.[16, 17] 인간 활동으로 연간 540억 톤의 온실가스가 대기로 옮겨진다.[18] 그런 와중에 균근류는 토양 속에 장기 탄소 저장소를 구축한다. 지구 맨틀에는 대기보다 3배 더 많은 약 25억 톤의 탄소가 저장되어 있다고 추정된다.[19] 그런 한편으로 산업농은 경작지 수억 헥타르에서 균류를 없앤다. 우리가 생산적인 농경지에서 심하게 갈고, 과잉 방목을 하고, 제초제와 살균제를 뿌려대는 일을 계속한다면, 균사체망은 더욱 쇠퇴하면서 탄소를 토양에 가두는 능력을 잃을 것이다. 땅에 든 탄소 2,500기가톤 중 8퍼센트를 잃는다면 이미 430만 년 만에 최고 수준에 와있는 대기 농도는 100ppm 더 증가할 것이다.

'균류맹', 호모사피엔스

땅을 걷고 있자면 활동적이고 약동하고 활기 넘치는 생명의 왕국을 보게 된다. 지상보다 지하에는 더 많은 생명이 있다. 균근류를 연구한 논문은 수천 편이 있지만, 그 다양성, 행동, 위치, 균사체망은 여전히 사실보다는 수수께끼에 더 가까운 상태로 남아있다. 대부분의 연구는 현미경 아래의 통제된 조건이나 화분에서 이루어진다. 균사체가 한 식물과 접촉하는 지점이 100만 곳에 달한다면, 어떻게 연구를 해야 할까? 넓이가 10제곱킬로미터에 달하고 무게가 3만 톤에 이르는 멀루어 국립림의 뽕나무버섯은?

균근망은 마치 복잡한 계산 문제를 풀 수 있는 것처럼 행동한다. 논문들은 측정하고 관찰하고 이해할 수 있는 교환, 공생, 화학, 과정이라는 측면에서 균근망을 묘사한다. 우리 발밑의 균류 세계는 당혹스러울 만치 미로처럼 복잡하며, 교차 연결된 수조 개의 접점을 통해 분자와 정보를 전달하면서 인식하고 감지한다. 그러나 균류망에는 뇌도 신경계도 없다. 한 이론은 균류망이 신경계와 어느 정도 비슷하며, 우리 몸이 하듯이 아미노산을 써서 정보를 전달한다고 본다. 균류의 가장 중요한 소통 방식은 성적인 것으로서, 번식을 위해 짝을 찾는 것이다.[20] 균류는 코에 해당하는 것을 쓰며, 페로몬을 토대로 짝 후보를 향해 뻗어가거나 그 후보로부터 멀어지는 반응을 보인다. 익숙하게 들린다.

흔히 유령 식물ghostplant이라고 하는 보이리아Voyria는 광합성을 하지 않지만, 균근망을 통해 탄소 당을 받는다.[21] 보이리아는 보답으로 아무것도 주지 않는 듯하기에 유령 식물이라는 이름에 딱 어울린다. 그 어떤 뚜렷한 공생이나 호혜적 관계도 맺고 있지 않다. 균근망의 일반적인 규칙을 깬다. 식물은 본래 탄소를 내주고 무언가를 교환하는데, 왜 식물이나 균근이 탄소를 공유하면서 보답으로 아무것도 받지 않는 것일까? 최근까지 식물은 독립적으로 존재하면서 서로 경쟁하는 존재라고 여겨졌고, 그에 맞추어서 연구와 분석이 이루어져 왔다. 진화 관점에서 보면, 보이리아를 부양하는 행위는 이타적이라고 부를 수 있을 것이다. 그러나 이타주의는 결국 실패하기 마련인데, 이타주의가 가져가는 자에게는 보상을 하고 베푸는 자를 처벌하기 때문이다. 균근망과 식물 뿌리 수십억 개는 일종의 공동체다. 문제는 그 공동체의 동역학이 무엇인가다.

키어스가 균근망의 복잡한 공동체를 연구하니, 미세한 관망 내부에서 여러 방향으로 영양소와 화학물질이 이동하면서 교통 혼잡이 일어나는 도시와 더 비슷해 보였다. 영양소는 한 방향으로 흐르다가, 방향이 뒤집히거나 멈추었다가 계속 흐르거나, 느려지다가 다시 뒤집히곤 한다. 거의 돌발적으로 반응하는 양 끊임없이 빠르게 방향이 바뀐다. 그런데 뭐에 반응하는 것일까? 단서가 하나 있다. 균사체는 화학물질과 생물전기 펄스를 함께 방출한다.

키어스는 코스모 셸드레이크Cosmo Sheldrake와 함께 칠레 같은 균근류 생물 다양성이 풍부한 곳에서 지하 생태계에서 나오는 소리를 녹음하고 있다. 그들은 균류가 어떻게 감지하고 배우고 판단을 내리는지를 알아내는 중이다. 균류는 아주 다양한 화학물질 신호를 말하고 이해하는 다국어 사용자다.[22] 멀린 셸드레이크는 『작은 것들이 만든 거대한 세계』라는 균류 지식을 집대성한 책에서 인류가 동물에 집착하는 태도가 "나무를 그저 풍경으로, 사슴과 새의 배경으로 보는 식물맹plant blindness"을 낳았다고 지적했다. 그는 우리가 '균류맹fungal blindness'이기도 하지 않을까 묻는다.[23]

현재 동물, 새, 식물, 곤충의 의식과 지능에 관한 기존 믿음을 재검토한 연구들이 쏟아지고 있다. 예전에는 생각할 수도 없었던 결론도 흔하다. 더 고등한 영장류만 지녔다고 하던 인지 기능들을 곤충도 지닌다고 말한다. 꿀벌은 숫자를 세고, 사람의 얼굴을 기억하고, 사투리를 쓰고, 날 때는 녹색만 보지만 꽃에 내려앉으면 천연색을 본다.[24] 말벌은 각 개체의 얼굴을 알아볼 수 있다. 잠자는 깡충거미는 거미

줄에 거꾸로 매달려 다리를 움츠린 채 씰룩거릴 때 꿈을 꾸고 있는 것일 수도 있다. 클라크잣까마귀Clark's nutcracker는 반경 24킬로미터 내의 최대 1만 군데에 이르는 은닉 장소에 수많은 잣을 숨겨놓는데 어디에 숨겼는지 기억한다.[25] 귀뚜라미는 자식들이 알에서 깨어나기 전에 이미 거미의 위험성을 가르친다. 그리고 새끼가 부화할 때쯤 어미는 떠나고 없다. 갈까마귀는 기억해둔 사람의 얼굴을 자식에게 전할 수 있다. 농사짓는 개미는 놀이를 하고 식량을 재배하고 진딧물을 가축처럼 돌본다. 균류가 무엇을 하는지 누가 알랴?

　위에 말한 내용들은 정확하지만, 의인화한 것이다. 우리의 이해 틀 내에서 지능을 묘사한다. 호모사피엔스가 명석한 것은 맞지만, 어떻게 우리가 다른 종의 지능을 평가하겠는가? 물리학과 화학의 무생물 세계에는 원리와 상수가 있지만, 생물학은 원리를 무시한다. 생명과학은 500년 동안 틀린 견해를 유지했고, 그럴 만도 했다. 과학은 확고히 고정된 진리가 아니라 당대에 알려지고 받아들여진 것을 기록한다. 새뮤얼 윌버포스Samuel Wilberforce는 1860년 진화를 주제로 한 유명한 옥스퍼드 논쟁에서 토머스 헉슬리Thomas Huxley에게 유인원 조상이 모계 쪽이냐 부계 쪽이냐 물었다. 기본적으로 과학은 아니라고 증명되기 전까지는 기존 패러다임을 고수한다. 17세기에는 동물을 기계라고 보았다. 동물은 감정도 기분도 생각도 없다고 여겨졌고, 우리의 친척은 분명히 아니었다.

종이 우리가 할 수 없는 방식으로 세계를 지각한다면, 그 지각은 그들의 논리, 기억, 의사소통에 어떻게 영향을 미칠까? 눈먼 박쥐가 초음파 반향 정위를 쓰고, 잠자리가 광각 파노라마로 세상을 보고, 벌이 자외선 발자국으로 언제 이 꽃에 들렀는지 알아차릴 때, 그들은 저마다 독특하게 다른 세계에 있다. 균근류가 지능이 있는지를 살펴보기란 어렵다. 식물은 인지, 의사소통, 계산, 학습, 기억이 가능하지만 뇌도, 신경도, 신경계도 없다. 균류도 비슷할까? 어떤 이들은 의식이 없다면 지능도 없다고 할 수 있다고 본다. 과학은 의식이 무엇인지 알지 못하므로, 더 나은 출발점이 있을지도 모른다. 우리는 다른 종이 무엇을 아는지 알 수 있을까? 그리고 추론을 통해 그들을 이해하거나, 그들의 언어를 이해할 수 있을까? 토비 키어스는 이렇게 말한다.

"저 아래에서 벌어지는 일은 정말로 놀랍기 그지없다."

제10장

사라지는 언어들

언어와 생명 다양성

지구의 언어는 정치적, 종교적, 경제적,
과학적 합리화에 쓰이는 거짓말이나 조작이 아니다.
죽 늘어선 자료 상자 안에 넣어놓기 위해
가져오거나 맡기거나 선물하는 것이 아니다.
지구의 언어는 매 순간 치료제로서 말해지며,
모든 찬사는 지구를 향한다.

티오카신 고스트호스 Tiokasin Ghosthorse

우리는 눈에 보이는 대로 말을 한다고 흔히 믿는다. 그러나 우리가 자신과 세상에 관해 하는 말은 우리가 세상을 어떻게 보는지를 대변한다. 이 점은 정치적 혼란의 시기에 뚜렷이 드러난다. 우리는 더 이상 진리를 기대하지 않는다. 경험을 이야기할 때, 우리 생각은 두 개의 프리즘을 거친다. 첫 번째는 자아다. 우리의 정체성, 목적, 믿음이다. 두 번째는 우리의 학습된 언어다. 우리 모국어는 우리가 세상을 어떻게 보는지를 결정한다. 일본은 편지 봉투에 주소를 서양과 정반대 방식으로 적는다. 나라부터 적기 시작해서 이름으로 끝난다. 작은 것이 더 큰 체계 속에 있다는 인식이 언어에 담겨있다. 개인은 전체에 종속된다. 존경과 겸손이 언어에 배어있다.

영어는 자아로부터 기원하는 명시적인 언어다. 영어 문장은 1인칭으로 시작할 때가 많은 반면, 일본어 문장은 대개 대명사가 전혀 없다. 어느 문화든 영어를 말할 수 있지만, 영어는 어느 한 문화에서 유래하지 않았다. 다른 언어, 사람, 시대로부터 온 단어들로 이루어진 다국어적 언어다. 그리스어, 프랑스어, 라틴어, 앵글로색슨어, 튜턴어, 네덜란드어, 게르만어, 켈트어, 이탈리아어가 섞여있다.[1] 영어의 발음 규칙이 제멋대로인 이유가 바로 그 때문이다. 'steak'는 'streak'와 운이 맞지 않으며, 'some'은 'home', 'head'는 'heat'과 운이 맞지 않는다. 현재 160가지 영어 방언이 쓰인다고 추정되며, 이 영어들은 끊임없이 새로운 영어 단어를 만들어낸다. 'ta, brekky, arvo, strewth, okker'는 오스트레일리아식 영어인 스트라인strine에서 나왔다. 사우스캐롤라이나와 조지아의 연안 지역에서 쓰는 걸러Gullah 영어는 반투어와 니제르콩고어의 단어들을 조합한 형태다. 'chany'는 '도자기', 'mannusstubble'은 '공손한', 'crackuhday'는 '새벽', 'ceebin'은 '속이기'를 뜻한다. 이 방언은 일상 어법에 'dunno, no count, granny, gimme'를 도입했다.●

● 각각 'I don't know', 'no-account', 'grandmother', 'give me'의 구어 혹은 축약어.

영어는 상업의 언어이며, 과학에서 주로 쓰이고, IT 분야에서 널리 사용되며, 기술 분야에서도 두드러진다. 전 세계에서 합성된 1억 개의 화합물은 모두 영어로 등록되어 있으므로,[2] 단어 수 기준으로 산업 화학은 세계에서 가장 두드러진 언어 집단이다.[3] 단어 수로 따져서 두 번째로 큰 언어는 식물 이름이다. 이어서 영어, 중국어, 힌두어, 스페인어 순이다. 영어는 아주 많은 국제회의에서 사람들을 연결하는 매개체다.

연간 영어에 새로운 단어가 수천 개씩 추가되며, 그럼으로써 영어는 더욱 정밀해지고 유용해진다. 알려진 거의 모든 생물과 무생물에 이름을 붙이고 식별하고 꼬리표를 붙여왔다. 경이로운 업적이다. 그러나 영어의 100만 단어를 포함하는 분류 체계는 화자에게 기본 틀, 맥락, 장소 감각을 제공하지 않는다. 영어는 뿌리가 없다. 언어는 삶과 연결될 수도 있고 단절될 수도 있다. 사슴이나 부엉이를 볼 때, 우리는 그것이 풀을 뜯는다거나 하늘에서 빙빙 돈다고 말한다. 하지만 사람에게는 결코 그렇게 말하지 않을 것이다. 그것은 먹을까? 그것은 운전할까? 그것은 졸업했나?

보고 말하는 다른 방식들도 있다. 언어는 정보, 연결, 확실성, 생존에 관한 것이다. 에콰도르 아마존 지역 아추아르Achuar

족의 치첨Chicham 언어에는 '자연'이라는 단어가 없다. 다른 원주민 언어들도 마찬가지다. 자연 같은 개념이 없는 데는 타당한 이유가 있다. 그런 단어는 아추아르족이 자연을 자신과 분리된 것으로 경험할 때에만 필요할 것이다. 하버드대학교의 연구자 앤드루 메싱Andrew Messing은 원주민 언어에서 '자연'이라는 단어를 찾는 것이 숲속 거주자들에게서 '대저택'이라는 단어를 찾는 것과 같다고 했다.⁴

예전에 천연자원 관리 방안을 논의하는 한 과학 위원회에 참석했는데, 원주민을 대표해서 참석한 세네카 터틀족 신앙 수호자 오렌 라이언스Oren Lyons가 한 마디도 안 하고 있다는 것을 알아차렸다. 포용 정신에 투철한 의장이 마침내 라이언스의 생각을 묻자, 그는 이렇게 말했다. "우리 문화에서 자원은 곧 친척입니다." 이 짧은 문장에는 그 어떤 판단도 담겨 있지 않았다. 그저 사실을 가리켰을 뿐이다. 라이언스의 관점은 그 자리에서 앞서 나온 의견들과 대조를 이루었다. 자원을 살아있는 세계 내의 친밀한 존재로 보는 방식과 하나의 객체로 보는 방식의 극명한 대비였다.

야마나어의 멸종

파타고니아 델 토레스 파이네 국립공원을 여행하던 중, 어느 몹시 추운 날 우연히 티에라 델 푸에고 우수아이아에 있는 야마나 박물관으로 향했다. 난방을 하지 않고 있었기에 실내는 몹시 춥고 습했다. 사람이 아무도 없었다. 나는 작은 전시실 두 곳을 둘러보다가 멀리 앞쪽을 응시하는 듯이 걸려 있는 흑백 사진들을 보았다. 대부분 반쯤 벌거벗은 사람들이 찍혀있었는데, 그들은 물범 지방을 바르고 천으로 사타구니만 가린 모습으로 불안한 양 사진기를 쳐다보고 있었다. 이 19세기 사진들에는 막대, 풀, 물범 가죽으로 지은 집에 옹기종기 모여있는 야마나 Yámana 족 가족들이 찍혀있었다. 부족민들은 도드라진 광대뼈에 강한 턱을 지녔고, 키가 작고 강인한 모습이었으며, 숱이 많은 새까만 머리카락이 덥수룩하게 자라 있었고, 까만 눈에는 두려움과 긴장이 묻어났다. 침입한 정착민 문화는 그들의 생활방식을 파괴했고, 이제 그들을 대상으로 찍고 있었다. 박물관은 그들이 존재했음을 알려주는 잔재였다. 씁쓸하고 고통스럽고 심란했다.

1520년 페르디난드 마젤란 Ferdinand Magellan 은 세 척의 카라벨선을 끌고 칠레 남동부 남위 52도의 툭 튀어나온 곳을 돌았다. 그럼으로써 그는 소문으로 떠돌던 태평양으로 들어가는 남서 항로를 발견했고, 그 해협에는 현재 그의 이름이 붙어있다. 함대는 침입을 용납하지 않는 땅으로 들어갔다. 구릿빛 사람들이 울창한 너도밤나무 숲 사이의 절벽에서 마젤란의 배를 지켜보았다. 때는 10월이었고, 남반구는 아직 추웠다. 물범 지방을 몸에 바르고 이따금 동물 가죽을 몸에 두른 그들은 마젤란의 선원들을 뼛속까지 떨게 하는 강풍에 개의치 않은 채 뚫어지게 쳐다보고 있었다. 세찬 바람이 부는 낭떠러지 위에 서있던 그들은 마지막 빙하기 이래로 '세상의 끝'에 살고 있던 사람들이었다.

그들은 움집, 원형 오두막집에서 살고 나무껍질로 배를 만들었으며, 영구 정착지를 건설하는 대신에 여기저기 옮겨 다녔다. 생존하기 위해 야마나족은 어디로 가든 간에 불씨를 담은 바구니를 들고 다녔다. 불을 계속 지필 수 있게 하기 위해서였다. 그들은 바다에서는 카누 한가운데 모래를 쌓고 그 위에 석탄을 놓고 태웠다. 섭씨 9도의 차가운 물로 잠수해서 조개류를 채취하는 여성들은 이 열로 몸을 녹이곤 했다. 야마나족은 밤에 그냥 야외에서 벌거벗은 채로 자기도 했다. 배에서 덜덜 떨던 선원들은 상체를 벗고 있는 남녀의 피부에서 진눈깨비가 녹아내리는 광경도 보았다. 마젤란은 그 다도해 여기저기서 불을 피울 때 솟아오르는 매연들을 보고서 그곳에 티에라 델 푸에고 Tierra del Fuego•라는 이름을 붙였다.[5]

2022년 크리스티나 칼데론 Christina Calderón이 93세에 세상을 떠나면서 야마나어를 쓰는 사람은 더 이상 찾아볼 수 없게 되었다. 노예화, 질병, 인종차별, 착취 때문에 야마나족은 절멸에 이르렀다. 그러나 이 사례에서는 특별한 유산이 남아있다. 남아있는 한 소규모 야마나족 집단에서 선교 활동을 하던 토머스 브리지스 Thomas Bridges는 21년 동안 그들의 언어를 꼼꼼히 수집하고 기록했다.

아마추어 사전 편찬자인 그는 그 마지막 남은 부족의 족장인 조지 오코코 George Okkoko와 함께 3만 2,240가지 단어의 의미를 기록했다. 브리지스 자신이 세상을 떠나기 전까지다. 그가 사전을 완성할 수 있었다면 사전에 과연 몇 개의 단어가 실렸을지 우리는 알지 못한다. 야마나족은 셰익스피어가 평생에 걸쳐 썼던 것보다 훨씬 더 많은 어휘를 지니고 있었다. 교양 있는 미국인이 사용하는 어휘는 약 2만 개다. 10대 청소년은 약 1,200개 단어를 쓴다.

• '불의 땅'이라는 뜻.

나는 야마나어-영어 사전을 한 권 찾아냈다. 1950년대에 오스트리아 인류학자 마르틴 구진데Martin Gusinde가 편찬한 것으로서 300개 단어가 실려있다. 사전을 읽으면, 마치 다른 세계로 들어가는 것 같다.[6] 야마나족이 번창하고 서양인들이 생존하기 위해 애썼던 너무나도 아름다웠던 땅의 안내서다. 그들의 언어와 일상생활이 얼마나 풍성했는지를 알려준다. 야마나어의 타이사시아taisasia는 둥지의 알처럼 땅을 가리고 누워있는 것을 뜻한다. '우울함'을 가리키는 단어는 '허물을 아직 다 벗지 못한 게'다. 온다구마코나ondagumakona는 바위에 붙은 홍합을 따서 배 위에서 요리하면서 먹는 것을 뜻한다. 야마나어는 일종의 가르침이다. 그 땅과 바다에 살았던 이들이 어떻게 성공적인 거주자가 되었는지를 설명한다. '야마나'라는 단어는 가장 고귀한 삶의 형태, 살아있음을 의미한다.

언어와 생명 다양성의 관계

세계에서 5명 중 1명이 영어를 쓴다. 여기에 중국어, 힌두어, 스페인어까지 포함하면 인구의 절반이 된다. 그 외에도 7,145가지 언어가 쓰인다. 그중 약 40퍼센트는 사용자가 1,000명 미만으로서 사멸 위기에 처해있다고 여겨진다. 유네스코는 608가지 언어가 사용자가 100명 미만인 위급 상황에 처해있다고 본다. 미국에는 멸종 위험에 처한 토착 언어가 154가지 있으며, 아시니보인어, 치카소어, 세네카어, 살리시어, 테와어, 팅글리트어, 유록어 등이 그렇다. 언어는 아이들에게 말하지 않을 때 죽는다. 급속히 현대화하고 세계화하고 교육 수준이 높아진 오늘날의 세계에서 이런 언어들이 어떤 가치가 있을까?

가장 진실한 답은 우리는 모른다는 것이다. '우리' 자체가 없기 때문이다. 무엇이 가치가 있는지 없는지를 누가 판단하고 결정할까? 사라지고 있는 언어는 모두 그것을 쓰는 사람, 문화, 장소에 독특한 것이다. 수백 가지의 언어가 주로 일자리를 찾아서 도시 환경으로 오는 사람들을 따라 함께 옮겨졌다. 뉴욕시에는 700가지가 넘는 언어가 쓰이고 있는데, 그중 150개는 멸종 위험에 처해있다. 세계에서 위험에 처한 언어가 가장 많이 집중된 지역인 셈이다.[7] 세케어는 네팔의 두 마을 안팎에서 수백 명이 쓴다. 또 브루클린의 두 아파트에 살고 있는 약 150명이 쓴다. 퀸스에는 단위면적당 세계의 그 어떤 지역보다도 더 많은 언어가 있다. 뉴욕시에는 바르탕기어, 모하비어, 타이노어(콜롬버스의 첫 항해 때 거의 전멸한 민족), 차모로어, 소라니쿠르드어를 쓰는 이들도 있다.

인류학자 웨이드 데이비스Wade Davis는 전 세계에서 쓰이는 언어들이 하나의 민족권ethnosphere을 이룬다고 보며,[8] 그것이 "의식의 여명기 이래로 상상에 힘입어 출현한 모든 생각, 꿈, 이상, 신화, 직관, 영감의 총합"이라고 말한다.[9] 게다가 야마나족의 사례에서처럼, 그 언어들은 한 지역, 섬, 숲에서 수천 년 동안 살고 배우면서 축적된 지혜, 관찰 과학의 놀라운 기록이다.

언어는 단순히 동사, 명사, 형용사로 이루어져 있는 것이 아니다. 기나긴 세월 동안 시행착오를 통해 발전한 가르침, 관습, 규칙을 포함한다. 각 언어는 세계를 보는 방식이다. 세계의 현재 모습은 주류 언어들이 인류 문화의 유별난 다양성을 어떻게 압도해왔는지를 보여준다.[10] 데이비스는 생물학자가 종 다양성을 보는 방식으로 언어를 본다. 오스트레일리아의 원주민은 스스로를 가리킬 때 코리, 간당가라, 눙가 등 자기 고향의 이름으로 부른다. 작가인 클레어 G. 콜먼Clare G. Coleman은 원주민들이 처음 만났을 때 하는 행동이 있는데, 20세대 이상 거슬러 올라가면서 집안이 서로 어떤 식으로 연결되는지를 따진다고 했다. 그들은 우리를 인간답게 만드는 것이 무엇을 지니고 있느냐가 아니라, 서로 어떻게 연결되느냐라고 본다.

"각각의 독특한 문화는 도덕적으로 영감을 받고 본질적으로 타당한 독특한 삶의 관점을 나타낸다. 그리고 그 다양한 목소리들은 인류가 미래에 직면할 도전 과제들에 대처하기 위해 쓸 전반적인 목록의 일부가 된다. 우리가 밋밋하고 특색 없는 세계로 나아갈수록, 문화가 사라지고 삶이 더 획일화할수록, 인류로서와 종으로서의 우리와 지구 자체는 심하게 빈곤해질 것이다."[11]

세계에는 언어 생태계가 있으며, 원주민 문화가 남아 있고 밀도가 높은 곳이 생물 다양성이 가장 높은 지역들과 거의 들어맞는다는 사실은 결코 우연의 일치가 아니다.[12]

미크마크족의 나무 작명법

미크마크Mi'kmaq족은 캐나다 북동부 삼림지대에서 메인주 북쪽 끝까지 흩어져 산다. 이들은 10월의 해가 지기 한 시간 전에 나뭇가지 사이로 부는 바람 소리에 따라 커다란 소나무에 이름을 붙인다.[13] 여러 해가 지난 뒤에도 원로들은 토착 소나무에 붙인 이름들을 떠올릴 수 있고, 지금의 소리와 그 이름을 비교함으로써 나무가 손상되었는지 여부를 알아낼 수 있다. 우리에게는 쐐쐐, 윙윙, 쉬쉬, 휘이잉 등 나무가 내는 소리를 기술하는 단어들이 몇 개 있다. 그러나 단어 수가 100만 개에 달하는 영어에 각 나무가 내는 소리를 가리키는 이름은 전혀 없다. 소리를 듣고 그 나무에 이름을 붙이고 기억한다는 것은 놀라운 언어학적 성취다. 각 이름은 독특한 소리에 따라 딱 맞게 붙인 것이며, 다른 언어로 번역이 불가능하다.

한번은 알래스카행 비행기를 탔는데, 옆자리에 유피크Yup'ik족 여성이 있었다. 언니가 사망했다는 소식을 듣고 고향으로 돌아가는 중이며, 이제 자신이 집안의 어른이라고 했다. 유피크족은 베링해의 서알래스카와 브리스틀만 사이에 흩어져 산다. 그들의 조상은 약 1만 년 전 시베리아에서 들어왔고, 그들의 직계 후손은 지난 3,000년 동안 서알래스카에 살았다. 나는 베링해협에서 1년 내내 사는 삶이 어떠한지 물었다. 그녀는 반유목 생활의 이야기를 이것저것 하던 중에, 자신들이 2년 뒤의 날씨를 예측할 수 있다고 아무 일도 아닌 양 언급했다. 그들의 생존에 대단히 중요한 능력이었다. 말린 생선과 물범 고기를 얼마나 저장할지, 더 내륙으로 이주하는 시기인 겨울이 몇 달간 이어질지, 순록 개체수가 얼마나 될지 추정하는 데 도움을 주는 능력이었다. 그녀는 사냥, 겨울 복장, 새들의 삶도 이야기했지만, 나는 참지 못하고 그녀의 말을 끊었다. 나는 정지 궤도에 있는 100개가 넘는 기상위성들도 일주일 내의 날씨조차 제대로 예측할 수 없다는 점을 지적했다. 그런데 2년 뒤라니?

그녀는 유피크족이 매일 관찰하는 것들을 토대로 장기적인 날씨 주기를 파악한다고 설명했다. 특이한 사건이나 상황이 벌어지면 기억했다가 대대로 전달한다고 했다. 자신들의 환경에 언제 무슨 일이 일어났는지, 그리고 그 뒤로 몇 달이나 몇 년 동안 어떤 일이 있었는지를 세월이 흘러도 기억했다. 가을에 해빙이 얼고 봄에 녹은 날짜, 얼어붙었을 때 얼음의 색깔과 질감과 강도, 순록 뿔 외피의 감촉, 툰드라 이끼의 색깔, 북극고래와 흰고래와 바다코끼리와 턱수염바다물범이 오는 시기, 내리는 눈의 종류, 대류운과 층운의 질감, 바다오리와 솜털오리의 이주 시기를 기억했다. 수천 년에 걸쳐서 관찰한 생명과 환경 요소의 변화 양상은 더 뒤의 사건들과 상관관계를 보였다.

특정한 장소에서 일어나는 일을 이렇게 예리하게 인식하는 것은 일종의 패턴 인식이며, 기억과 현재의 정보를, 이 사례에서는 과거와 현재의 날씨를 연관 짓는 데 쓰인다. 유피크족이 눈, 이끼, 구름을 가리키는 단어를 과학보다 더 많이 갖고 있는 것은 아니다. 그러나 그들은 그 단어들을 써서 항구적인 문화를 창안한다는 점이 다르다. 스코틀랜드어에는 눈을 가리키는 단어가 수백 개다. 플린드리킨flindrikin은 옅은 눈발, 블레트blett는 커다란 눈송이, 스미르smirr는 진눈깨비를 가리키며, 그밖에도 400개나 되는 단어가 있다. 그 언어는 다채롭고 매혹적이며 지역성을 띤다. 그러나 그런 단어들이 종합되어 연 단위의 날씨를 예측하는 패턴으로 이어진 적은 없다.

1861년 11월 11일에서 1862년 1월 24일 사이에 캘리포니아에는 기록적인 폭우가 내리면서 대규모 홍수가 일어났다. 비는 43일 동안 계속 내렸다.[14] 따뜻한 태평양으로부터 거대한 대기의 강이 흘러들면서 모든 것을 파괴했다. 수천 명이 목숨을 잃었다. 집, 마을, 목장, 가축이 모조리 물에 휩쓸려 사라졌다. 센트럴밸리는 6개월 동안 수심 1.83~4.57미터의 물에 잠김으로써 내해가 되었다. 캘리포니아는 부동산의 3분의 1이 파괴되었고, 결국 파산 신청을 했다. 주지사는 배를 타고 새크라멘토의 청사 2층으로 출근해야 했다.

사람들은 놀라 자빠졌지만, 마이두족은 아니었다. 1862년

1월 11일 《네바다시티 데모크래트The Nevada City Democrat》는 그들이 어떻게 대처했는지 실었다. 마이두족은 "유례없는 홍수가 일어난다고 예측하고서 산기슭으로" 대피했다. "그들은 백인들에게 지난 30년 동안보다 수위가 더 높아질 것이라면서 물이 어디까지 들어찰지 고지대에 있는 나무와 집을 가리켜 보았다. (…) 그들이 백인보다 큰 폭풍을 예견할 더 나은 수단을 갖고 있을지도 모른다."

그들은 갖고 있었다. 시에라의 산비탈과 내륙 골짜기에서 2,000년 넘게 살면서 쌓은 조상들의 기억이었다. 당시 캘리포니아 인구는 50만 명이었다. 지금은 3,900만 명에 달한다. 지질학적 증거는 1861~1862년에 일어났던 것과 같은 대홍수가 수천 년 동안 100~200년마다 주기적으로 일어났으며, 다시 일어날 가능성이 높음을 보여준다.[15]

기후위기와 명사주의

영어에 단어가 놀라울 만치 많긴 하지만, 그렇다고 해서 다른 언어의 단어들을 다 영어로 번역할 수 있다는 뜻은 아니다. 영어는 보편적인 언어일지 모르지만, 널리 쓰이긴 해도 자신이 사는 곳을 가르치는 언어로서의 역할은 포기했다. 그런 의미에서 영어는 언제나 집 없는 상태일 것이다. 토착 언어는 그 지역과 거기 사는 주민들에게 딱 맞으며, 공동체를 사람들 및 지역과 연결 짓는 수단이다. 웨이드 데이비스의 우려는 정확하다. 인류는 토착 언어를 잃고 없애고 있으며, 언어가 그 세계의 독특하면서 탁월한 이해 방식을 반영하고 있음을 깨닫지 못하고 있다. 더워지고 있는 대기의 영향이 동네, 강, 숲, 사람들, 도시를 강타하고 있기에, 우리는 자신의 고향을 지금보다 훨씬 더 잘 알아야 한다. 우리의 물과 식량이 나오는 곳인 생물군계를 더 잘 알고, 그 내구성을 조성하고 반취약성을 함양하고 연결을 심화시킬 방법을 알아내야 할 것이다.

기후 운동은 인류의 대다수에게 거의 또는 전혀 의미가 없는 단어와 어구를 쓰고 있다. 네트 제로net zero, 탈탄소decarbonization, 직접 공기 포집, 장내 발효enteric fermentation, 탄소 제거carbon removal, 테라그램teragram*, 전환점점tipping point, 지구 한계planetary boundaries, 격리sequestration 같은 용어들이다. 가장 이상한 용어는 '탄소 중립carbon neutrality'일 수도 있다. 생물물리학

---

* 10^{12}그램, 100만 톤. 기후 관련 논의에서 큰 규모의 물질량을 나타낼 때 쓰인다.

적으로 불가능한 용어다. 이런 식의 용어를 쓰는 방식을 '명사주의nounism'라고 한다. 세상과 떼어놓는 방식이며, 분할 가능성을 곧 지식이라고 여기는 태도다.

사람들이 반응하는 것은 동사다. 라코타Lakota족 스승인 티오카신 고스트호스는 영어보다 야마나어 같은 토착 언어에 동사가 더 많은 이유를 설명한다. 동사는 관계를 이야기한다. 반면에 명사는 세계를 사물로 나눈다. 살아있는 계의 붕괴는 문법과 어휘에 뿌리를 두고 있다. 원주민이 부족의 땅에서 내쫓긴 지 수백 년이 지났지만, 고스트하우스는 그 땅을 원주민들로부터 빼앗을 수 없다고 지적한다. 원주민은 그 땅이 자신들의 것이라고 믿은 적이 없었기 때문이다. 부족과 문화는 땅을 잃을 수는 있지만 고향을 잃지는 않는다. 그들은 우리가 땅이라고 부는 명사에 살았던 것이 아니다. 역사가 윌리엄 리스트 히트문William Least Heat-Moon은 한 나이 든 원주민 이야기를 들려준다.

"백인이 물었다. 당신의 나라는 어디인가요? 황인이 말했다. 내 나라는 풀과 바위와 네발 동물들과 여섯발 동물들과 배로 기는 동물들과 헤엄치는 동물들과 바람과 자라는 그리고 자라지 않는 모든 것들입니다. 백인은 물었다. 그 나라는 얼마나 큽니까? 황인은 답했다. 내 나라는 나와 내 부족민들이 있는 곳이며 선조들과 그 선조들과 모든 선조들과 그들이 말한 모든 이야기와 모든 노래와 모든 춤이 있는 곳입니다. 백인은 물었다. 그런데 거기에 사람들이 얼마나 있나요? 황인은 말했다. 나는 모릅니다."[16]

대부분의 세계는 땅을 빼앗고 소유할 수 있다고 믿으며, 그 믿음이 어떤 결과를 낳았는지 우리는 볼 수 있다. 세계 경작지의 절반은 훼손되었다. 숲의 3분의 1은 1800년 이래로 사라졌고, 초원은 60퍼센트가 사라졌다.[17] 드넓은 농경지와 수리권water right은 다국적기업과 외국에게 넘어가고 있다. 미국에는 6,400만 킬로미터의 도로가 땅을 덮고 있고, 그 위를 달리는 트럭과 자동차는 매일 100만 마리가 넘는 척추동물을 죽이고 있다.

고스트호스는 현대가 이미 '유통기한'을 넘겼을지 모른다고 주장한다. 현대의 대중 담론은 믿음과 소문의 '정신적 찐득이다.'

"사려 깊은 언어는 믿음의 논리가 아니라, 지구가 모든 존재를 의식적으로 존중하면서 거짓말을 하지 않고 오직 진실만을 말한다는 지식의 논리를 필요로 한다."[18]

제11장

곤충의 붕괴

작은 것들이 세계를 움직인다

벌의 이름으로
그리고 나비의 이름으로
그리고 산들바람의 이름으로
아멘[1]

에밀리 디킨슨 Emily Dickinson

불꽃잠자리flame skimmer가 내 얼굴에서 60센티미터쯤 떨어진 곳에서 나를 쳐다보며 떠있다. 툭 튀어나온 빨간 눈은 2만 4,000개의 각막으로 이루어져 있고, 360도를 다 볼 수 있다. 위, 아래, 앞, 주위를 동시에 본다. 나로서는 시각적으로 상상조차 안 된다. 또 동물계의 시각계에서 보편적으로 쓰이는 빛 수용체 분자인 옵신opsin을 30가지나 지닌다. 나는 내 3개의 옵신과 2개의 파란 각막으로 녀석을 마주 바라본다.[2]

내가 앉아있는 양어지에서 빨간색과 주황색 몸과 날개를 지닌 잠자리는 부드러운 날갯짓으로 이리저리 획획 오간다. 무게가 약 2그램에 불과한 이 손님은 생애의 몇 주 동안 하늘을 최대 시속 48킬로미터의 속도로 날아다닌다. 수명은

3~4년인데 대부분을 유충 상태로 지낸다. 유충은 잡식성이며 민물에 살면서 올챙이, 피라미, 다른 유충을 잡아먹는다. 오늘 녀석은 날개를 야회복처럼 무지갯빛으로 반짝이면서 짝을 찾고 있다. 공중에서 거리낌없이 짝짓기를 하는 쪽이다.[3] 녀석이 내 앞에서 완벽하게 정지 비행을 하며 반짝이며 가슴을 고동칠 때, 나는 3억 5,000만 년에 걸친 진화를 보고 있다.

　잠자리의 겹눈은 자외선을 보며, 덕분에 모양과 움직임을 검출하는 능력이 탁월하다. 군사 전문가들은 스텔스 항공기의 소프트웨어를 개발하기 위해 잠자리의 행동을 연구한다. 잠자리는 능동적인 운동 위장술을 펼치기 때문이다. 사냥할 때 잠자리는 먹이와 주변의 나무 같은 것이 드리운 그림자 사이에 자리를 잡고 정지 비행을 함으로써 자신을 완벽하게 숨긴다. 숲에서 나뭇가지들 뒤에 몸을 숨기면서 살금살금 다가가는 사람과 좀 비슷하다. 먹이가 움직일 때 잠자리도 먹이와 나무 사이의 직선상에 위치하기 위해 끊임없이 자리를 바꾼다. 나비나 모기가 알아차리지 못하도록. 그러면서 잠자리는 조금씩 다가가 이윽고 덮칠 만한 거리에 도달한다. 이 진화적 적응형질은 잠자리에게 딱 들어맞으며, 그들은 짧은 생애를 살지만 대단히 성공한 포식자가 되었다.

1949년에 원주민 관찰 과학의 한 놀라운 사례가 공개되었다. 민족곤충학자들은 두 나바호Navajo족이 700종이 넘는 곤충들에 이름을 붙이고 그것들을 분류하고, 각 종의 소리와 행동과 습성을 묘사하고, 대대로 그 지식을 공유하고 기억하고 대물림한 사례를 보고했다.[4] 나바호족은 왜 그렇게 했을까? 아마 과학자들이기 때문이 아닐까? 그들은 자기 세계를 더 잘 알고 싶었다. 이 지식은 그 땅에서 그 땅과 함께 살아가는 사람들에게서 생존과 번영의 차이를 빚어낼 수 있다.

멕시코의 숲에는 큰부엉이나비Caligo eurilochus가 산다. 포식자인 새들이 없는 어둑한 시간에 폭이 18센티미터에 달하는 종잇장 같은 날개를 펄럭이면서 난다. 양쪽 날개의 아래쪽에는 완벽한 형태의 눈알 무늬가 있다. 이 무늬는 부엉이의 눈과 기괴할 만치 닮았다. 마치 화가가 그런 복사본을 만들고자 도전한 양 보인다. 이 눈알 모방자의 날개를 처음으로 설명한 사람은 영국 자연사학자 헨리 월터 베이츠Henry Walter Bates였다. 1848년 베이츠는 아마존강과 그 지류들을 따라 올라가면서 탐사를 했다. 인종차별적인 어조와 별개로 그의 책 『아마존강의 자연사학자The Naturalist on the River Amazon』는 평범한 수확개미에서 폭이 무려 30센티미터에 달하는 타란툴라에 이르기까지, 자신이 11년에 걸쳐 채집한 1만 4,000종과 새로 발견한 8,000종을 놀라울 만치 상세히 기록하고 있다. 부족의 아이들이 타란툴라를 끈으로 묶어 강아지처럼 데리고 다니면서 깔깔거리며 놀았다는 내용도 있다.

존 제임스 오더번 John James Audubon과 알퐁스 뒤부아 Alphonse Dubois 같은 당시의 다른 자연사학자들처럼, 베이츠도 새를 보면 총으로 쏘아 잡은 뒤 폼알데하이드에 담가서 보관했다가 자연사박물관에 보냈다. 그러나 그가 주로 관심을 가진 생물은 아마존의 나비였다. 그는 식충성 조류와 잠자리들이 독을 품고 있거나 포식성 종을 흉내 낸 색깔 무늬 날개를 지닌 나비를 외면한다는 사실을 알아차렸다.[5] 스파이스부시호랑나비 애벌레는 부화할 때는 색깔이 흑백이며 새똥으로 위장한 모습이다. 허물을 세 번 벗으면 머리에 반점들이 나타나면서 뱀을 닮은 모습이 된다. 이를 베이츠 의태 Batesian mimicry 라고 한다. 진화 과정을 통해 이 종은 자신을 보호해줄 기만적인 날개 무늬와 색깔을 갖추었다. 베이츠는 다윈의 진화론을 일찍부터 지지했고, 다윈의 베이츠의 책을 영국에서 나온 최고의 자연사 저서라고 했다.

그런데 다윈도 베이츠도 나비가 어떻게 그런 위장을 하게 되었는지를 설명할 수 없었다. 애벌레가 부엉이의 눈을 본 적이 있었을까? 그들은 분명히 위장하는 쪽으로 진화했고 실패한 개체들은 잡아먹히지만, 애벌레의 번데기는 정확히 어떻게 부엉이 눈을 완벽하게 모방한 무늬를 지닌 날개를 갖추는 쪽으로 탈바꿈을 하는 것일까? 과학은 유전자들이 서로 협력하고 학습하도록 허용하는 조절망을 설명으로 제시한다.[6] 그런데 이 설명은 유전자들이 애초에 어떻게 그런 능력을 갖도록 프로그래밍이 되었는지를 말해주지는 않는다. 수백만 년 전 유전자는 유달리 상세하고 복잡한 무늬를 띄도록 날개를 색칠하기 시작했다. 그런데 화가는 누구였을까?

곤충의 뇌

대개 사람들이 아는 나비는 몇 종에 불과하다. 북아메리카의 여름 섭식지에서 월동지인 멕시코 중부의 오야멜전나무 숲까지 3,200~4,800킬로미터를 이주하는 제왕나비는 특히 주목을 받는 종이다. 사람들의 시선을 사로잡는 검정색과 주황색의 선명한 날개 무늬는 새에게 먹지 말라고 상기시키려는 의도에서 나온 것이다. 제왕나비는 유독한 유액식물의 잎 밑면에 알을 낳는다. 깨어난 애벌레는 그 잎을 먹으

며, 따라서 번데기에서 나오는 애벌레도 마찬가지로 독성을 띤다.[7]

나비와 나방을 연구하는 과학자들은 나비와 나방이 얼마나 널리 퍼져 있고 얼마나 중요한지를 잘 알고 있다. 나비는 약 1만 9,500종이 있는 반면, 나방은 16만 종이 넘으며 모습이나 날개폭이 나비와 비슷한 나방도 많다.[8] 그러나 날개폭이 스파게티 가닥만 한 꼬마굴나방에서 30센티미터에 달하는 헤라클레스나방에 이르기까지, 나방은 크기가 아주 다양하다. 나방과 나비는 같은 목에 속하며, 아예 나비를 낮나방이라고 부르는 과학자들도 있다.

최근에는 나방이 벌보다 더 효과적인 꽃가루 매개자일 수 있다는 연구 결과도 나왔다. 나방은 주로 밤에 꽃가루를 옮긴다. 우리가 보지 않을 때 지구를 뒤덮는다. 나방이 얼마나 흔한지 살펴보려면 어둠이 깔리기 시작할 때 나서야 한다. 달빛이 환한 밤에 인공조명이 전혀 없는 곳이 가장 좋다. 눈이 어둠에 익숙해질 때까지 기다렸다가 지켜보라. 경이로울 것이다.

어느 달빛 환한 밤 나는 로즈마리 잔가지를 하나 따러 나갔다가, 가지마다 은빛의 홀쭉한 방문객들이 수십 마리씩 앉아있는 광경을 보았다. 나방은 수킬로미터 떨어진 곳에서도 꽃과 짝 후보의 냄새를 검출할 수 있을 만치 뛰어난 더듬이를 지닌다. 낮에는 벌이 주로 꽃가루를 옮기는 양 비치지만, 밤에는 훨씬 더 다양한 꽃이 피며 나방이 그 꽃가루를 옮긴다. 나방의 홱홱 움직이는 비행 방식은 포식자인 박쥐의 반향 정위를 속이려고 고안된 방어용 기동 비행이다.

지구에 알려진 생물 10종 중 1종은 나방이며, 조류의 90퍼센트 이상은 나방을 먹이로 삼는다.[9] 반면에 많은 나방 애벌레는 특정한 식물 과나 종에 의존한다. 서식지 상실로 식물이 사라지면서 나방 종도 덩달아 영구히 사라지고 있다. 나방, 식물, 새가 사라지면서 상실의 악순환이 일어난다. 다음에 메스칼●을 보면, 그 술병 안에 담긴 벌레가 용설란나방 애벌레임을 떠올리자.

곤충 세계 내의 다양성과 적응형질은 우리가 믿는 것보다 더 심오할 수 있다. 곤충이 우리를 인지하고 인식하고 의식하고 느낄 수 있을까?[10] 최근 연구들은 곤충이 그럴 수 있다고 말한다. 작은 뇌가 유정성을 뒷받침하지 못한다고 여겨지지만, 그 믿음은 유지되지 못한다. 우리의 세계 인식 능력을 뒷받침하는 중간뇌와 기본 기능은 무척추동물에게서

● 용설란으로 만든 멕시코의 전통 증류주. 용설란에 서식하는 벌레를 그 안에 넣기도 한다.

도 볼 수 있다.[11] 윤리와 동물 복지가 왜 무척추동물 앞에서 멈춰야 하냐고 문제를 제기하는 '등뼈 없는 마음 minds without spines' 운동도 있다. 꿀벌을 걱정하는 목소리는 많은 주목을 받고 있다. 런던 대학교 동물학자 라르스 치트카 Lars Chittka는 꿀벌 Apis melifera이 수를 세고, 대조하고, 관찰을 통해 배울 수 있다는 연구 결과들을 제시한다. 우리와 마찬가지로 꿀벌도 고통과 쾌락을 경험하며,[12] 자기 지식을 인지하고 의식하며, 지난 이야기를 떠올린다.[13] 1킬로그램에 달하는 사람의 뇌에 비해 아주 작은 겨우 2~3밀리그램에 불과한 뇌가 그런 일들을 한다고는 상상하기조차 어려울 수 있다. 그러나 꿀벌 뇌의 각 신경 세포는 1만 개의 다른 세포들과 연결될 수 있으며, 그럼으로써 어느 시점에든 간에 뇌에 연결 지점이 10억 개가 넘는다.

바쁜 벌집의 안은 윙윙거리는 소리로 가득하다. 연구자들이 작은 탐침 마이크를 벌집 안으로 집어넣자, 그 불협화음은 꿀벌들에게 꽃꿀의 위치, 꽃꿀의 품질, 거리를 알려주는 암호화한 정보들을 짤막하게 쏟아내는 소리들의 집합임이 드러났다. 평생 벌을 연구한 치트카는 벌의 감각 기관이 우리가 이해할 수 없을 만치 심오하게 다른 방식으로 세계를 지각한다고 믿으며, 벌을 "내부 공간에서 온 외계 생명체라

고 보는 것이 딱 맞을지도 모른다"라고 했다.[14]

꿀벌은 두 눈이 양쪽으로 불룩 튀어나와 있어서 시야가 넓다. 꿀벌의 먹이는 꽃에 다 들어있다. 꿀벌은 지각하는 색깔 스펙트럼의 범위가 우리보다 훨씬 넓다. 작은 뇌에는 나침반이 있고 머리의 돌기는 60센티미터 이내의 맛, 냄새, 소리, 전기장을 감지할 수 있다.[15] 또 꿀벌은 정밀한 조종사다. 치트카는 답할 수 없는 질문을 한다. 그들의 마음 속에는 뭐가 있을까? "현재 적어도 일부 곤충 종은 인지 능력을 지닌 듯하며, 아마 모든 곤충이 그럴지도 모른다."

곤충이 사라지면 우리도 사라진다

지금까지 파악된 곤충은 거의 110만 종에 달한다. 다른 종들도 꿀벌만큼 이질적이고 인지 능력을 지닐까? 딱정벌레, 동굴거미, 메뚜기, 잠자리는 그렇지 말라는 법이 있나? 지구의 사람 한 명당 약 14억 마리의 곤충이 있으며, 무게로는 450킬로그램에 이른다. 곤충 수는 지난 40년 동안 30~75퍼센트가 줄었으며, 아마 1만 년 전 털매머드가 사라진 이래로 가장 중요한 감소일 것이다.[16] 세계적으로 보면 40년 동안 곤충 생물량은 연간 2퍼센트씩 줄어들었으며, 끝날 기미가 보이지 않는다. 그에 따라 사라진 조류도 30억 마리에 달할 것이다. 윙윙거리고 날고 휘익 덮치고 웅웅거리고 굴을 파고 물고 우물거리는 생물들이 없다면, 대부분의 조류도 존재할 수 없다. 식물들도 대부분 존재할 수 없다.

야생 식물의 80퍼센트는 꽃가루 매개자에 의존한다. 곤충이 사라지면, 우리도 사라진다.[17] 먹이사슬은 돌이킬 수 없이 끊어질 것이다. 꽃가루 매개자가 거의 또는 전혀 없다면, 조류와 어류를 비롯한 동물들은 몇 달 안에 사라질 것이다. 제 기능을 하는 경작지가 거의 다 사라지면서 농업도 1년 안에 끝장날 것이다. 바다는 2년은 버틸 것이다. 균류는 썩어가는 사체들을 청소하면서 몇 년 동안 남아있다가, 사라질 것이다. 지구는 10억 년 전으로 퇴보할 것이고 세균과 원생동물이 살아가는 거의 헐벗은 행성이 될 것이다.[18]

생물학자 E. O. 윌슨 E. O. Wilson의 유명한 1987년 논문의 제목인 「세계를 움직이는 작은 것들 The Little Things That Run the World」은 "작은 것들이 없다면, 세계는 돌아가지 않는다"라는 말로 바꿀 수 있을 것이다. 서식스대학교 생물학과의 데이브 굴슨 Dave Goulson 교수는 땅이 생명이 살 수 없는 곳이 되어가고 있다고 말한다.

곤충은 육상생태계의 일부이며, 대체 불가능한 생태 서비스를 수행한다.[19] 파괴적인 곤충의 증식을 막는 천연 억제제를 제공하고, 잎과 나무의 분해, 토양 형성, 물 정화, 탄소 격리를 돕는다. 곤충은 배설물, 생물량, 사체 등 천연 폐기물을 분해하고 먹어치운다. 작물 1,200종류와 식물 18만 종의 꽃가루를 옮긴다. 곤충은 어류, 조류, 천산갑, 파충류, 박쥐의 먹이가 된다. 물론 곤충은 질병을 옮기고 작물을 먹어치우고 밤에 맛있게 피를 빨겠다고 머리 위에서 윙윙거리며 성가시게 구는 해충이기도 하다. 곤충을 싫어하는 것도 이해할 수 있지만, 곤충 서식지 보호는 조류, 파충류, 어류, 포유류 수백억 마리의 생존에 대단히 중요하며 생태계에 필수불가결하다.[20]

우리가 지금 누리고 있는 상대적인 기후 안정성은 숲, 습지, 풀밭, 늪, 초지, 삼각지, 초원, 잡목림, 타이가, 산호초, 맹그로브 습지, 염습지, 툰드라 덕분이다. 이런 생태계들은 연간 대기로부터 수십억 톤의 탄소를 빨아들이고 저장한다. 곤충은 이런 생태계에 의존하며, 거꾸로 생태계는 곤충에게 의지한다. 생태계는 완충지대, 즉 대기에 있는 탄소보다 5배 더 많은 3조 5,000억 톤의 탄소를 지상과 지하에 품고 있는 생물학적 저장소다. 딱정벌레, 나비, 노린재가 없다면, 생태계는 정체되고 쪼그라들고 쇠약해지고 시들고 무너지고 사라진다. 이 재앙으로 치닫는 동역학은 우리 눈에 보이지 않기에 무시되기 쉽다. 생태계를 연구하는 과학자들은 곤충 위기가 기후위기만큼 인류에게 심각한 위협을 가하고 있다고 믿는다.[21]

주말에 짬을 내어 곤충을 찾아다니는 아마추어 곤충학자들이 곤충의 붕괴를 알아차린 놀라운 사례가 있다. 대개 일반인을 놀라게 할 발견을 하는 것은 과학자다. 그런데 이 사례에서는 일반인이 과학자에게 충격을 안겨주었다. 세계 곤충학계를 뒤흔든 연구 결과를 내놓은 것은 바로 독일의 아마추어 곤충학자들의 모임인 크레펠트 협회 Krefeld Society다. 그들은 1905년부터 노르트라인베스트팔렌의 자연보호 구역에서 거의 100만 마리에 이르는 곤충을 채집하면서 꼼꼼하게 기록을 했다. 2000년대에 그들은 날곤충을 잡는 데 쓰는 덫에 걸리는 생물량이 확연히 줄어들었음을 알아차렸다. 1989년에서 2016년 사이에 측정 가능한 날곤충의 생물량은 76퍼센트가 줄었다. 2013년에 처음 발표된 그들의 데이터는 언론을 통해 "곤충 종말 insect apocalypse"이라고 불리게 되었다. 그 소식은 전 세계로 퍼졌고 전 세계의 과학자들은 그 발견이 옳았음을 확인했다.[22]

마오쩌둥의 참새 박멸 운동

이 사실을 밝히는 데 굳이 과학까지 동원할 필요도 없었다. 전 세계 경작지에서도 곤충의 붕괴가 목격되고 있다. 내가 어릴 때에는 가로등마다 나방이 잔뜩 모여들고 빙빙 돌았다. 태극나방, 밤나방, 자나방, 팔랑나비, 공작나비 등등. 하지만 지금은 전혀 없다. 나는 농경지가 많은 샌와킨밸리에서 자랐는데, 삼촌은 야간 운전을 몇 시간 하고 나면 차를 멈추고 금속 솔에 제거기를 꺼내 앞 유리창에 잔뜩 달라붙은 곤충 단백질을 제거하곤 했다. 그릴에도 온갖 곤충이 달라붙어 있었다. 메뚜기, 유리날개나비, 실잠자리, 뒤영벌, 강도래, 호랑나비, 갈고리나방 등등. 곤충이 너무 많아서 방열기가 과열되지 않도록 그릴 앞에 철망을 달아야 했다.

수십 년 뒤 나는 같은 고속도로를 달리지만 앞 유리는 깨끗하다. 이 '앞 유리창 효과 windshield effect'는 전 세계에서 관찰된다. 먹이의 96퍼센트가 곤충인 조류도 쇠락하고 있다. 곤충, 조류, 인류의 미래는 농산물 생산 체계에 달려있다. 땅, 공기, 물로 유독한 화학물질을 집어넣는 가장 큰 배출원이기 때문이다. 그런데 곤충의 생활 연구는 주로 곤충을 어떻게 죽이냐에 초점이 맞추어져 있다.

농약 기업들은 그냥 단순히 살충제를 쓸수록 작물 생산량이 늘어난다는 식의 계산을 널리 퍼뜨렸다. 독소를 쓰면 수확량이 올라간다고 농민에게 약속했다. 경작지는 1만 7,000가지에 달하는 살충제, 제초제, 살균제의 저장소가 되었다. 파라콰트paraquat, 디캄바dicamba, 글리포세이트 같은 제초제는 원치 않는 풀과 잡초를 없앤다. 메틸브로마이드Methyl bromide, 유기인산염organophosphate, 클로로피크린chloropicrin은 토양에 분무된다. 미국의 아동용 사과 소스 한 병에는 아세트아미프리드acetamiprid, 펜프로파트린fenpropathrin, 카벤다짐carbendazim뿐 아니라 다른 16가지 살충제가 들어있을 가능성이 있다. 현재 농경지에서 쓰는 살충제 중 가장 큰 피해를 입히는 것은 네오니코티노이드neonicotinoid 계열이다. 다른 살충제들의 지독한 독성을 대체하기 위해 발명된 농약이다. 이 살충제는 곤충의 신경세포에 결합해서 마비와 죽음을 가져온다.

사과 소스에 가장 많이 든 화학물질인 아세트아미프리드는 네오니코티노이드의 일종이다.[23] 종자 피복용으로 많이 쓰는데, 실제로 작물에 흡수되는 양은 5퍼센트에 불과하다. 나머지 95퍼센트는 토양, 뿌리, 작물, 풀, 하천으로 들어가며, 5~6년까지도 잔류한다. 곤충이 토양이나 물에서 네오니코티노이드를 흡수한 식물을 뜯어 먹거나 그 꽃가루를 옮길 때, 그 곤충은 죽는다. 꽃식물의 약 75퍼센트는 꽃가루 매개자에 의존하며, 가장 중요한 식량 작물 115종 중 87종도 쇠퇴하고 있는 꽃가루 매개자 집단에 의존한다.

농민이 결국은 농사를 무너뜨릴 살충제에 중독되어 있다는 것은 정말 이상한 상쇄 효과다.[24, 25] 꽃가루 매개자만 죽는 것이 아니다. 톡토기, 균류, 딱정벌레, 개미, 진드기, 좀, 지네를 비롯한 토양의 다른 생물들도 없앤다. 토양과 꽃가루 매개자의 목숨은 대체로 화학 기업의 손에 달려있다. 일반인은 아무런 발언권도 영향력도 지니고 있지 않다.

또 곤충은 삼림 파괴, 습지 상실, 야생화 부족으로도 사라지고 있다. 영국에서는 정부의 적극적인 장려에 힘입어서 벌어지는 12만 킬로미터의 산울타리를 제거하는 사업도 큰 몫을 한다. 유럽에서 경작지의 조류 개체수는 곤충이 사라지는 바람에 절반으로 줄어들었다.[26] 곤충을 먹는 흰털발제비, 할미새, 종다리를 비롯한 예전에 흔했던 새 수십 종은 현재 멸종 위험에 처해있다. 먹이피라미드는 확고히 그리고 돌이킬 수 없이 하나의 토대 위에 놓여있다. 바로 곤충이다.

1958년 마오쩌둥이 국민들에게 제사해운동除四害運動을 펼치라고 지시한 것도 곤충 생태계에 무지한 데서 비롯되었다. 쥐, 모기, 파리, 참새를 박멸하는 운동이었다. 만성적으로 곡물 부족을 겪고 있던 중국에서 참새는 그 원인 중 하나로 지목되었다. 참새 한 마리가 연간 0.9~1.8킬로그램의 곡물을 먹을 수 있다고 공식 추정되었다. 공산당이 엄격하게 통치하는 나라에서만 가능한 일이겠지만, 국민들은 충실히 제사해운동에 동참했다. 참새를 괴롭히고 죽이는 모든 수단들이 동원되었다. 둥지를 파괴하고, 날아가는 참새들을 사격해서 떨어뜨리고, 넓은 밭에서 북을 두드려 쫓아내고, 겁을 주어 내려앉지 못하게 해서 날다가 지쳐 떨어져 죽게 했다. 대약진운동의 일환으로 벌인 이 운동으로 참새 수천만 마리를 없앴다. 참새는 거의 박멸되는 수준에 이르렀다.

 1960년 중국 조류학자 정쮜신鄭作新은 마오의 자문가들에게 참새가 곤충을 먹으며, 여름에 더욱 많이 먹는다고 설명했다. 그러나 이미 너무 늦었다. 물론 참새는 씨를 먹으며, 곡물은 씨다. 그러나 참새는 자신의 먹이 공급원을 지키기 위해 메뚜기도 잡아먹는다. 다시 말해, 참새는 중국 농민의 동맹군이었다. 억제하는 포식자가 사라지자 1960년 메뚜기가 폭발적으로 증가했다. 게다가 날씨까지 나빠지는 바람에 곡물 생산량은 급감했고, 끔찍한 기근이 뒤따랐다. 4,500만~7,800만 명이 아사한 것으로 추정된다. 제2차 세계대전의 사망자 수가 총 5,500만 명이었다. 식인 행위, 구타, 범죄, 살인이 난무했다. 중국에서는 이 대규모 사망과 후유증을 언급하는 것이 금기시되어 있다. 중국 학생들은 지금도 그 사건을 배우지 않는다. 그 뒤에 조류 생태계를 회복시키기 위해서 중국은 소련에서 참새 25만 마리를 수입했다.[27]

세상을 구하는 '아마추어'

행성 지구를 이야기할 때, 우리는 크레펠트 협회와 마찬가지로 모두 아마추어다. 그 협회의 회원들은 곤충학자가 아니다. 그들은 성직자, 교사, 기술자, 애호가다. 프랑스어로 아마추어 amateur는 '사랑하는 사람'이라는 뜻이다. 전 세계에서 자연 세계를 사랑하는 단체와 아마추어 동호회 수천 곳이 다양하고 엄밀하면서 현실적인 방식으로 곤충의 서식지를 회복시키고 중독과 파괴를 막기 위해 애쓰고 있다. 곤충 수를 회복시킬 건설적인 방안이 하나 있다. 다양하고, 여러 색깔을 띠고, 곤충이 먹을 수 있고, 꽃을 피우는 식물들을 많이 심는 것이다. 그럼으로써 경작지 생태계를 바꾸는 것이다. 기존 농민들은 이런 기법들이 경작지의 회복력과 수익과 유지 능력을 향상시킨다는 사실에 놀라곤 한다.

전 세계의 농민들과 직접 협력하고 있는 식물학자 스테파니 크리스트만Stefanie Christmann은 경작지 다양성의 회복에 적극적으로 나서고 있다.[28] 처음 국제 농업 회의장에서 농경지 한가운데에 야생 풀을 줄줄이 심고, 식물을 심은 울타리를 만들고, 가장자리에 꽃을 심어서 다양성을 높이고 풍성하게 하자고 제안했을 때, 그녀는 조롱을 받았다. 그 뒤로 그녀의 기법은 꽃가루 매개자의 수를 늘리고 작물의 양과 질을 증가시키는 데 효과적임이 드러났다. 그녀가 연구한 반半건조지역에서 콩과 채소의 수확량은 177퍼센트에서 561퍼센트까지 증가했고, 진딧물, 파리 같은 해충도 줄어들었다. 줄뿌림 작물을 기르는 밭에는 다른 기법을 쓴다. 옥수수, 콩, 밀을 기르는 밭 중 4분의 1에는 유채 같은 꽃 피는 작물만을 심는다. 밭 가장자리에는 영국의 산울타리와 비슷하게 까치밥나무, 검은딸기, 로즈마리, 샐비어, 인동덩굴, 너도밤나무, 야생화, 능금나무를 심는다.

가정집에서는 집 주위에 벌, 나비, 나방을 먹일 식물을 심는다. 도시는 도로 중앙분리대를 꽃가루 매개자들이 오가는 통로로 만들어서 도시 너머까지 이어지도록 한다. 곤충도 우리와 다를 바 없다. 안전하기를 원한다. 꽃가루 매개자 통로들을 연결해서 망을 구성하면, 곤충은 라운드업Roundup•으로 오염된 땅과 유독한 분사물을 피할 수 있다. 농민은 경작지 한가운데 띠처럼 풀을 심고, 강기슭의 완충 녹지를 복원하고, 침입종을 제거하고, 수십 종의 식물로 이루어진 피복 작물을 심어서 곤충 다양성을 회복시킨다. 자원봉사자들은 유액 식물, 토착 식물, 야생화를 밭 가장자리, 학교 마당, 길섶에 심는다. 해설가들은 학교에서 아이들에게 곤충에 관해 가르친다. 사진작가는 최고의 곤충 사진을 찍어서 올린다.

  작은 것들은 살아있는 계들과 복잡하게 상호작용함으로써 세계를 움직인다. 기후위기는 잘못 붙인 용어가 아니다. 위기emergency라는 영어 단어는 어원을 따지면 솟아올라서 드러난다는 의미다. 이 책의 첫머리에 언급했듯이 지구온난화는 가르침, 공물, 안내인이다. 곤충의 붕괴도 마찬가지다. 이루 가치를 따질 수 없는 날개, 뿔, 발톱, 꽃가루 바구니, 가슴, 턱, 더듬이를 지닌 무척추동물들이 사라지는 양상은 우리가 무시했던 진실을 드러내고 있다. 생명은 여기에 자유롭게 존재하지만, 그렇다고 해서 우리가 번성하기 위해서 자유롭게 취할 수 있다는 의미는 아니다. 그리고 가능하다

• 글리포세이트를 주성분으로 하는 몬산토사의 제초제 상품명.

면, 잔디를 깎는 일도 그만두자.[29] 제왕나비의 먹이이자 산란지인 야생 유액 식물이 자라도록 하자. 그리고 반딧불이 암컷이 풀들이 길게 자라는 교란되지 않은 축축한 서식지에서 수컷의 반짝이는 불빛에 화답하여 빛을 내도록 하자.

제12장

녹색 방주

숲, 지구상 가장 거대한 보금자리

내게 숲으로 들어가는 문은
곧 사원으로 들어가는 문이다.

메리 올리버 Mary Oliver

숲은 인류보다 수억 년 더 이전부터 지구에 존재했다. 소림지, 습지림, 정글은 동식물들이 살아가는 복잡한 야생의 요새다. 3억 년 전에는 현대 잠자리의 친척으로서 크기가 갈매기만 한 곤충이 숲의 통로들을 날아다녔고, 길이가 1미터인 전갈과 양치류를 뜯어 먹는 길이 2.5미터인 노래기가 숲 바닥을 돌아다녔다.[1] 오늘날의 육묘장에서 찾아볼 수 있는 고사리와 키 작은 석송은 키가 40~55미터에 달하던 커다란 나무의 후손이다.

이 엄청난 생태계는 기나긴 세월 동안 생물량을 축적했다. 목질부 섬유질을 분해하는 균류와 미생물이 없었기에 거대한 이탄 늪에 쌓인 식물체들은 수백만 년에 걸쳐 열과 압력을 받으면서 석탄으로 변했다. 석탄이 많이 매장된 곳들은 가장 울창한 습지림이 있던 곳이다. 북아메리카는 석탄 매장량이 세계에서 가장 많으며, 몬태나, 일리노이, 웨스트버지니아, 켄터키, 와이오밍에 주로 묻혀있다. 식생, 열, 연대에 따라 부드러운 갈탄인지 광택 있는 무연탄인지가 결정된다.

숲은 육지의 모든 생물량 중 80퍼센트를 차지한다. 약 3조 그루의 나무가 식생지의 3분의 1, 유기 탄소의 절반 이상을 차지한다. 현재 숲은 6,600만 년 전 유카탄반도에 일어난 칙술루브 운석Chicxulub meteorite 충돌 이래로 본 적이 없는 속도로 변화를 겪고 있다.[2] 당시 에베레스트산만 한 암석이 시속 약 6만 5,000킬로미터로 지구에 충돌했다. 대기가 갑자기 짓눌리면서 기온이 태양 표면보다 더 뜨거워졌다. 지구 곳곳이 폭발하면서 우주로 파편이 튀어나갔다. 공룡 뼛조각이 달에 흩뿌려졌을 수도 있다고 한다. 맨틀이 깊이 30킬로미터, 폭 100킬로미터를 넘는 거대한 규모로 파열되면서 솟아오른 먼지구름, 화산재 폭풍, 유리질 암석의 비가 지표면을 뒤덮었다. 여러 지역이 2년 동안 완전히 어둠에 잠겼다. 광합성을 할 수 없었기에, 식물의 75퍼센트가 사라졌다.[3] 1억 8,000만 년 동안 이어진 공룡 왕조도 종말을 맞이했다.

퍼듀대학교의 제이 멜로시 Jay Melosh는 칙술루브 충돌의 영향이 어느 정도였을지 파악하기 위해 모델을 구축해왔는데, 동물의 대다수가 사라졌으며 상당수는 즉시 통구이가 되었다고 믿는다. 몇 년 뒤 구름이 걷히자 휴면 상태의 씨에서 다시 꽃식물들이 출현했다.[4]

오늘날의 숲을 죽이고 있는 것은 어느 하나의 사건이 아니다. 화재, 채굴, 도로, 팜유, 벌목, 토착 주민과 동물의 박멸로 사라지고 있으며, 그 소행성 충돌 이래로 유례없는 속도로 파괴가 진행되고 있다. 우리는 인지 편향을 지닌다. 나무를 비롯한 식물이 다른 생명체들보다 열등하다고 치부한다.[5] 세라 캐플란 Sarah Kaplan은 그런 태도가 "지구의 산소를 공급하고, 동물을 먹여 살리고, 인류가 10년 동안 배출하는 양보다 더 많은 탄소를 저장하는 생물들에게 돌아갈" 자원을 점점 줄이는 결과를 초래한다고 말한다.[6] 지구에서 가장 크고 가장 나이가 많은 생물인 나무 6종 중 1종은 멸종 위험에 처해있다. 세계에서 가장 키가 큰 나무인 캘리포니아삼나무도 거기에 포함된다.[7] 일리노이 모튼 식물원의 식물학자 머피 웨스트우드 Murphy Westwood는 한탄한다. "우리가 기재도 하기 전에 종들이 사라지고 있다."

13만 년 전 얼음이 보여준 미래

나는 미래의 기후 영향을 다룬 복잡한 컴퓨터 모델을 살펴보기보다는 지구가 지금보다 더 더웠던 시대, 즉 지금 숲이 하고 있듯이 '녹색 덩어리'가 북쪽으로 행군하던 예전 시대를 더 알고 싶었다. 가능한 미래를 어렴풋이 보여줄 성싶어서였다. 지구는 어떤 모습이었을까? 어떤 종이 혜택을 보고 어떤 종이 피해를 입었을까? 어떤 생명체가 이주에 성공해서 북반구에 자리를 잡았을까? 11만 5,000~13만 년 전 에미안기에 북반구는 아열대가 되었다. 대기 탄소 농도가 증가해서가 아니었는데, 많은 기후 부정론자는 이 사실을 들먹거리곤 한다. 당시 탄소 농도는 산업 시대가 시작될 무렵과 비슷한 280ppm이었다. 당시의 온난화는 온실가스 사건이 아니라, 지축의 흔들림 때문에 일어났다.

지축은 10만 년 주기로 기울기가 변한다. 이를 발견자인 세르비아 과학자 밀루틴 밀란코비치Milutin Milankovitch의 이름을 따서 '밀란코비치 주기Milankovitch cycle'라고 한다. 지구와 개인의 삶에는 다양한 주기가 관여한다. 계절, 이주, 하루 주기 리듬, 달, 작물 돌려짓기, 심지어 음악 리듬도 그렇다. 지축이 태양 쪽이나 그 반대쪽으로 더 기울어질지를 결정하는 밀란코비치 주기는 가장 큰 주기이며, 그에 따라 극지방의 얼음 면적이 줄어들거나 더 늘어난다. 해마다 번갈아 찾아오는 계절이 10만 년 단위로 찾아오는 것에 해당하며, 정확한 장기 기후 예측 척도다. 약 1만 5,000년 동안 지속되는 따뜻한 시기는 간빙기라고 한다. 우리는 지난 1만 년 전부터 간빙기에 있었다. 더 이전의 간빙기는 네덜란드 에임강Eem River의 이름을 따서 에미안기Eemian period라고 한다.[8] 그곳의 강 옆에서 캐낸 토양층에 북해에 사는 것들과 다른 연체동물 화석이 들어있었다. 약 11만 8,000년 된 것이었다.

2004년 나는 초청을 받아서 14개국의 기후과학자들이 일하는 그린란드 북부의 북극 연구소로 향했다. 그곳은 비행기로만 갈 수 있었다. 나는 그린란드 남서부의 캉에를루수아크에서 뉴욕주 방위군 109공수비행단의 조종사와 승무원이 모는 허큘리스 C-130기를 타고 북그린란드 에미안 얼음시추 연구소로 향했다. 페테르만 빙하의 남동쪽에 있는 북동그린란드 국립공원에 있다. 한 달 전 길이 70킬로미터의 빙하 중 약 260제곱킬로미터가 분리되면서 페테르만 빙산이 되었다. 이 연구소는 내가 가본 육지 정착지 중 가장 북쪽에 있었다. 조종사는 그 지역을 잘 알았다. "우리가 있는 곳에서 가장 가까운 인공물은 250킬로미터 떨어진 곳에 있는 사탕 포장지일지 몰라요." 비행기에는 스웨덴의 빅토리아 왕세녀, 노르웨이의 하콘 왕세자, 덴마크의 프레데리크 왕세자도 타고 있었다. 더워지고 있는 세계에서 자국이 어떤 문제에 직면할지를 실질적으로 이해하고자 모인 북구 왕족들이었다. 이 먼 북쪽의 빙하, 얼음, 눈이 급속한 기후변화에 맞서는 완충재인 양 보일 수도 있다. 사실은 정반대다. 남북 고위도의 기온 증가는 온대 지역보다 3배 더 클 것으로 예상된다.

비행기는 심한 눈보라로 앞이 거의 보이지 않는 상황에서 착륙했다. 눈보라를 뚫고 왕실 손님들을 맞이하러 직원들이 나왔는데, 나는 그들이 그에 못지않게 우편물이 와서 기뻐서 나왔을 수도 있다고 추측한다. 2007년 연구소는 11만 5,000~13만 년 전의 얼음 코어를 채취하기 위해 빙원을 뚫기 시작했다. 당시 그린란드는 지금보다 3~5도 더 따뜻했는데, 앞으로 수십 년 사이에 올라갈 것으로 예상되는 2~4도와 그리 다르지 않다. 에미안기에 일어난 일이 다시 일어나고 있지만, 이번에는 느린 속도로 일어나는 것이 아니다.

시추 지점은 빙하의 나이, 깊이, 특징을 고려해서 선택했다. 모암bedrock•까지의 깊이가 2,542미터다. 우리는 지하 동

• 흙이나 퇴적층 아래에 있는 단단한 암반으로, 지층의 기반을 이루는 암석.

굴에서 디젤연료로 돌아가는 시추관에서 얼음 코어ice core가 나오는 광경을 지켜보았다. 먼저 수증기와 함께 우윳빛 액체가 흘러나왔다. 마치 일곱 살 때 본 SF 공포 영화〈괴물 디 오리지널The Thing from Another World〉의 한 장면 같았다. 북극권 얼음을 깊숙한 곳까지 뚫고 있던 과학자들은 우연히 외계 우주선을 뚫는다. 그 결과 과학자들을 좋아하지 않는 으스스한 외계인들이 풀려난다. 반면에 이 시추 현장에서의 '괴물'은 윤활유로 쓰이는 과열된 코코넛 기름이었다. 광유mineral oil는 데이터를 오염시키기 때문이었다.

코어 시료를 분석하니 과거의 기온, 대기 불순물, 공기 방울에 갇힌 당시의 대기, 꽃가루 같은 생물학적 물질 등이 드러났다. 코어에 든 꽃가루와 수소와 산소의 동위원소는 이 1만 5,000년 동안 지구가 유달리 따뜻했음을 말해주었다. 세계적으로 해수면이 4.9미터 더 높았고, 알래스카와 북유럽의 기온은 4~5도 더 높았다. 템스강 삼각주에서는 하마가 뒹굴고 있었고, 독일에서는 동굴사자가 곧은엄니코끼리를 잡아먹었다.[9]

에미안기에 동식물상의 변화는 수천 년에 걸쳐 진행되었

• 극지방이나 고산지대 빙하를 깊게 뚫어 채취한 원통 모양의 얼음 시료.

다. 반면에 현재의 대기 변화는 수십 년 안에 일어날 것이다. 탄소 배출량의 급속한 증가를 억제하기 위해, 우리 탄소 배출 역사의 일부를 상쇄시킬 만한 규모인 1조 그루의 나무를 심자는 제안이 나와있다. 당분간 탄소 배출량을 줄이지 않는 쪽을 택한 기업들이 특히 좋아하는 방안이다. 대규모 나무 심기 방안은 지난 배출량의 몇 퍼센트를 상쇄할 수 있다는 식으로 변죽을 울린다. 제안자들은 나무 5,000만 그루를 심으면 세계 배출량의 25퍼센트를 격리할 수 있다고 계산한다. 그러나 이런 예측들은 대개 시간표를 언급하지 않는다. 나무를 통한 탄소 격리는 수십 년에 걸쳐서 이루어지기 마련이다. 계획서에는 나무 심기의 장점이 줄줄이 언급되어 있지만, 반드시 실현된다고는 볼 수 없다. 또 그런 계획은 대개 그 나무를 심을 땅의 전통적인 주인들에게 자문을 구하지도, 그들과 협력하지도 않는다.

땅에 소나무 묘목을 심는다고 해서 '기후 순결성climate virginity'을 이룰 수 있는 기업은 없다. 과학계에는 더 현명한 목소리들이 있다. 자연은 나무를 심지 않는다. 자연이 기르는 것은 숲, 즉 나무를 비롯한 식물들과 동물들로 이루어진 탄력 회복성을 지닌 공동체다.[10] 인류의 연간 탄소 총배출량은 약 110억 톤이다. 그러나 대기의 연간 탄소 순증가량은 약 54억 톤이다. 땅, 식물, 바다가 58억 톤을 격리하기 때문이다. 숲은 대부분의 이산화탄소를 땅에 가두며, 여기에는 기존의 성숙한 일차림이 큰 비중을 차지한다. 최근까지 전문가들은 오래된 숲의 나이 많은 나무들이 탄소를 설령 격리한다고 해도 미미한 양밖에 못 한다고 여겼다. 그러나 그렇지 않다는 사실이 드러났다. 원시림은 기나긴 생애가 끝나갈 때까지 상당한 양의 탄소를 축적한다.

반면에 헐벗은 땅에 나무를 심는 것은 새장에 든 새에게 먹이를 주는 것과 비슷하다.[11] 숲에서는 나무들이 균류가 가득한 토양과 균근을 통해 깊이 연결되어 공생 관계를 맺고 있다. 숲에서 균류는 나무의 절반인 지하부를 맡고 있는 것과 같다. 살아있는 지하 공동체가 없다면, 나무를 심는다고 해도 탄소를 효과적으로 격리하지 못한다. 그러니 기존 숲을 보호하는 쪽이 새로 숲을 조성하는 것보다 2100년까지 훨씬 더 큰 영향을 미칠 것이다.[12]

거대림과 생태 다양성

탄소 포획에 가장 중요한 육상 생태계는 5대 거대림이다.

캐나다의 아한대림과 러시아의 타이가, 아마존, 콩고, 파푸아뉴기니, 보르네오를 포함한 인도네시아의 숲이다. 거대림이 탄소를 저장하고 흡수하는 능력은 문화 다양성을 통해 더 증진된다. 뉴기니에는 언어가 1,000가지가 넘고, 아마존에는 300가지, 인도네시아에는 653가지, 보르네오에는 170가지가 있으며, 대부분 그 숲 안에서 어떻게 살아가고 숲을 어떻게 유지하는지를 알려주는 가르침, 이야기, 지식을 담고 있다. 모모Momo족은 서뉴기니에 적어도 5만 년 전부터 살았다. 그들의 고향인 숲은 최근까지 온전했다. 거대림의 파괴되지 않은 부분은 그 숲을 가족과 친족으로 여기는 문화 전통의 산물이다. 친족 관계는 의무, 충절, 존중을 수반한다.

거대림은 길이 없다는 점이 특징이다. '생물학적 다양성biological diversity'이라는 용어를 창안한 생물학자 톰 러브조이Tom Lovejoy는 아마존에서 선구적인 연구를 했다. 벌목하여 도로와 목초지를 만듦으로써 숲이 쪼개지면, 종 다양성과 숲의 건강이 심하게 나빠진다는 것을 보여주었다. 러브조이는 생태 다양성을 유지하는 데 필요한 최소 임계 면적을 알아내기로 했다. 생물 다양성을 보호하려면 단절되지 않은 하나의 큰 경관이 필요한지, 아니면 더 작게 나뉜 면적들을 몇 군데 보전하는 것으로도 충분한지를 놓고 논쟁이 벌어졌다.

그의 연구는 전자가 맞다는 것을 논란의 여지가 없을 만치 보여주었다. 온전한 숲은 기온을 더 낮추고, 비를 만들고, 다양성을 증폭시키고, 주민들에게 더 풍요를 제공한다. 쪼개진 숲은 더 메마르다. 나무는 더 거센 바람을 맞는다. 숲 불이 일어날 가능성도 높아진다. 주민들은 생계를 꾸려나가기 위해 웅크리고서 작은 밭뙈기를 갈아야 할 수도 있다. 그리고 종은 사라진다. 쪼개져서 숲을 드나들기 쉬워지면 맥과 아구티처럼 소화되지 않은 씨를 배설해서 퍼뜨리는 데 중요한 역할을 하는 동물들을 사냥해 먹기도 쉬워진다.

숲의 그 어떤 것도 영구적이지 않다. 숲은 오고 간다. 지난 300만 년 동안 지구는 10만 년을 주기로 진동했다. 빙하기와 더 따뜻한 시기가 번갈아 나타났다. 따뜻한 시기에 나무들은 북쪽으로 이동한다. 빙하기에는 다시 물러난다. 벤 롤런스Ben Rawlence는 이렇게 표현했다. "지질시대를 저속 촬영한다면 빙원이 리듬 있게 뻗어 내려왔다가 물러나고, 숲의 녹색 덩어리가 호흡하듯이 북극을 향해 솟아올랐다가 다시 낮아지는 모습이 보일 것이다." 이 녹색 덩어리는 소나무, 낙엽수, 가문비나무, 전나무, 관목, 이끼, 지의류의 공동체이며, 진구렁, 습지, 늪이 널려있는 수수께끼 같은 서식지를 조성한다. 거무스름한 지의류로 뒤덮은 키 작은 나무들로 에

워싸인 북극권 습지다.

거대림은 지구에서 가장 야생의 세계이며 가장 종 분화가 심한 곳이다. 북아메리카 아한대림은 크고 작은 하천, 호수, 연못이 사이사이에 있으면서 숲, 이탄지, 습지가 단절되지 않고 죽 이어져 있는 세계 최대의 지역이다. 면적이 약 4억 헥타르에 달한다. 10억~30억 마리의 새들이 여름이면 멀리는 파타고니아에서부터 북아메리카 아한대림으로 이주한다. 가을에는 새끼들까지 포함해서 30억~50억 마리에 달하는 새들이 월동지로 다시 날아간다. 명금류, 참새, 오리, 여새, 갈까마귀처럼 뒤뜰, 공원, 밭, 숲에서 흔히 보는 새들뿐 아니라 400마리밖에 남지 않은 아메리카흰두루미 같은 멸종 위기종도 포함된다.

아한대림의 탄소 흡수율

아한대림은 늑대, 회색곰, 들소, 순록, 말코손바닥사슴뿐 아니라, 스라소니, 담비, 밍크, 북방족제비, 검은담비, 울버린, 오소리, 족제비 같은 작은 육식성 포유동물들이 살아가는 곳이다. 여름은 선선하고 짧으며, 겨울은 길고 춥다. 두께가 얇고 모래질인 토양은 나무에서 나오는 바늘잎, 나뭇진, 기름, 화학물질이 계속 쌓여서 유독할 만치 산성을 띤 곳들이 많다. 햇빛이 닿는 곳에는 새먼베리, 블루베리, 레드커런트, 블랙커런트가 동화 속 한 장면처럼 모여 자라면서 꽃을 피운다. 늪과 못에는 끈끈이주걱과 벌레잡이통풀 같은 식충식물들이 모르고 다가온 곤충과 거미를 잡아서 소화·흡수한다.

아한대림의 주류 식물인 침엽수는 빛 흡수를 최대화하기 위해 짙은 녹색을 띤다. 이들의 수관은 겨울에 눈이 무겁게 쌓이는 것을 막기 위해 완벽한 원뿔 모양을 이루고, 바늘잎에는 꽁꽁 얼어붙는 것을 막아줄 동결 방지제 역할을 하는 나뭇진이 들어있다. 아한대림은 지구의 그 어떤 지역보다 탄소 밀도가 높으며, 온전한 열대림이 지상부에 지닌 것보다 더 많은 탄소를 지하에 축적하고 있다. 아한대림의 축축하고 추운 기후는 부패를 늦추고 탄소가 풍부한 늪과 이탄지를 형성한다. 아한대림을 벌목하면, 단순히 나무가 사라지는 데 그치지 않고 토양이 마르면서 더 많은 양의 탄소가 배출된다.[13] 아한대림과 거기 저장된 탄소의 절반이 사라진다면, 대기 이산화탄소 농도는 이 글을 쓰는 현재의 425ppm이 아니라 600ppm에 다다를 것이다.

캐나다, 스칸디나비아, 러시아의 아한대림에는 그 땅과

숲과 물을 어느 누구보다도 잘 알고 있는 원주민 공동체가 600곳 이상 존재한다. 아한대에는 대기에 있는 양보다 더 많은 탄소가 호수, 나무, 이탄지 전체에 들어있다. 현재 캐나다의 아한대림은 광업과 산업적 임업 활동으로 조각나고 있다.[14] 기업들은 휴지를 만들기 위해서 소나무를 베어내고 있다.[15] 조이 슐랭거는 이렇게 썼다.

"나무가 봄마다 수천 개씩 잎을 만들고, 겨울 동안 당을 저장하고, 빛과 물을 목질부로 전환해서 층층이 쌓으면서 그 세월을 살아온 비결이 뭘까? 나무, 아니 그 어떤 식물이든 간에 그 삶의 드라마를 결코 과소평가해서는 안 된다. 모든 식물은 상상하기조차 어려운 행운과 창의성의 업적이다. 일단 그 사실을 알면, 결코 모른 척할 수 없다. 마음에 새로운 도덕적 주머니가 열린다."[16]

존 리드John Reid와 톰 러브조이는 공동 저서 『늘 푸른Ever Green』에서 일차림의 생물학적 범위를 이렇게 묘사했다.

"포식, 꽃가루받이, 씨 퍼뜨리기, 번식이 모두 자연스럽고 풍성하게 이루어진다. 온갖 무리, 집단, 떼, 서열이 있다. 미시 동물상, 거대 동물상, 불굴의 이주자들, 굳건한 거주자들이 있다. 하피수리는 거미원숭이를, 회색곰은 연어를, 나무뱀은 청개구리를, 벌레잡이통풀은 개미를 먹고, 개미는 곰팡이를 기른다."[17]

열대 거대림은 예전에 정글jungle이라고 불렸다. 힌디어 장갈jangal에서 유래한 단어인데, 사람이 살기에 적합하지 않아서 집중해서 경쟁해야 살아남을 수 있는 빽빽한 숲을 뜻한다. 오늘날 열대림은 독사, 숨어있는 포식자, 얇은 토양 등 자연적인 위험 요소로 가득한 고대 환경이라고 묘사된다. 정반대로 아추아르족처럼 열대림에 사는 이들은 자신들이 예전에 지구의 다른 이들보다 더 안락한 생활을 했다고 믿는다. 현재 그들은 채굴, 시추, 농업, 댐, 벌목으로 대대로 살아온 고향이 침략을 받고 파괴되고 있기에 고통을 받고 있다.

거대림을 보호하는 편이 배출량을 줄이거나 새 숲을 조성하는 것보다 비용이 5~7배 덜 든다. 다시 말해, 대기와 살아있는 세계를 효과적으로 지키는 이 방안이 가장 비용이 덜 든다. 그러나 이는 비용을 파악하는 한 척도일 뿐이며, 거대림의 가치를 보는 식민주의적 관점이다.[18] 한 포괄적인 관점은 문화로까지 곧바로 이어진다. 수천 년 동안 인류는 이런 환경에서 번성했다. 아프리카는 지구 숲의 6분의 1을 포함하고 있으며, 인구의 70퍼센트는 생계를 숲에 의지한다. 토착 주민들은 열대 지역의 경관을 계속 변화시켜 왔고 야생 숲 농장을 조성했다. 옥스퍼드 학자이자 영국의 저명한 환경 활동가인 노먼 마이어스Norman Myers는 "손대지 않은 원시림"을 보고 싶어서 보르네오를 뒤덮은 저지대 우림을 방문했던 일을 떠올렸다. 보르네오는 세계에서 세 번째로 큰 섬이며, 면적이 독일의 2배다. 이 열대 활엽수림에는 식물 1만 5,000종이 있다고 추정된다. 아프리카의 모든 식물 종보다 많다.[19] 흑단, 리케티아, 교살무화과 등 이엽시과의 아주 높이 자라는 나무들도 있다.[20]

그는 4만 년 된 숲이 어떤 모습일지 보기 위해 민족식물학자와 함께 숲속으로 깊이 들어갔다. 깊숙이 들어간 그들은 그곳에 몇 시간 동안 머물렀고, 식물학자는 주변의 나무, 과목, 덩굴을 하나하나 돌아보면서 그에게 어떤 종류인지 알려주었다. 날이 저물 때쯤에는 눈앞에 펼쳐지는 놀라운 다양성이 손대지 않은 고대의 숲이 아니라는 사실이 명백해졌다. 그들은 수천 년 동안 그 숲에 살아온 원주민들과 숲이 상호작용한 결과를 보고 있었다.

약 32톤에 달하는 까마득히 높이 솟은 나무가 늙어서 결국 숲 바닥으로 쓰러질 때면 다른 나무들까지 휩쓸려 쓰러지면서, 그곳의 바닥까지 햇빛이 닿게 된다. 사람들은 그런 곳에서 주변 정리를 하고 씨를 심는다. 자란 식물은 나중에 약재, 식량, 섬유, 목재를 제공할 것이다. 리드와 러브조이의 책을 인용해보자.

"현대 인류가 거대림을, 그리고 그와 함께 우리가 아는 한 유일하게 숲이 존재하는 이 행성을 유지하려면, 우리는 세계를 마치 가족처럼 돌보아야 한다. 우리는 주어와 목적어가, 사람과 다른 모든 것이 동일한 문법을 시도해야 한다. 물질적이면서 진화적인 의미에서, 그들은 단연코 그렇다."[21]

제13장

검은 흙
녹색혁명과 토양의 죽음

땅에 서있을 때,
당신은 다른 세계의
지붕에 서있는 것이다.

질 클래퍼튼 Jill Clapperton

우리 발밑은 지구에서 가장 복잡한 살아있는 생태계다. 짙은 암갈색 토양에는 온갖 생명체들이 뒤엉켜 살아가며, 그들 대부분은 과학계가 본 적도 없고 식별할 수도 없다. 양토, 점토, 실트, 이회토로 이루어진 이 복잡한 자궁은 우리 세계의 한없는 복잡성을 구축하고 먹여 살린다. 토양은 기나긴 세월에 걸쳐서 형성된 균류, 미생물, 곤충, 광물질의 복합체이며, 부패에서 유정성에 이르기까지 생물들의 한살이를 조율하는 요소들의 풍성한 조합이다.[1] 토양의 지하 세계를 기술하려면 과학과 시 사이의 어딘가에 놓이는 언어가 필요하다. 더러운 흙은 어떻게 경이를 간직할 수 있는 것일까? 찻숟가락 분량의 흙에 어떻게 약 10킬로미터의 균사체가 들어있을 수 있을까?

과학은 토양에 있는 생물들을 분석하고 나열할 수 있지만, 토양을 만들 수는 없다. 사람들은 비옥한 검은 토양을 생성하는 조건을 조성할 수 있고, 수천 년 동안 그렇게 해왔다. 그러나 토양을 생성하는 것은 오로지 토양의 거주자들뿐이다. 피터 매코이의 표현을 빌리자면, "거주자들의 유산을 문신으로 새긴 세계의 피부"를 형성하는 것은 흙 속과 위에 사는 생물들의 수백만 년에 걸친 공진화coevolution다. 지금 생태계를 다시 야생화하고 사라지거나 줄어드는 종을 회복시키자는 운동이 점점 활기를 띠고 있다. 토양은 가장 야생적인 유기체다. 우리가 땅에 다시금 생명을 불어넣지 않는다면 생명의 그물은 해체될 것이다. 거꾸로, 토양을 조성하는 무수한 생물들이 없다면 토양은 위축되고 사라질 것이다.

해독 불가능한 복잡성을 지닌 세균과 균류 수십억 종이 토양에 산다. 배양하려고 연구실로 가져오면, 미생물의 대다수는 미처 파악하기도 전에 죽어 사라진다. 토양 균류는 현미경 아래 놓기 위해 잘라낼 때 분석이 불가능해지는 방대한 미로 같은 망을 이루고 있다. 균류의 핵은 세포 하나 굵기의 관 속에서 이리저리 떠다닌다. 개체라는 개념이 전혀 적용되지 않는 계를 어떻게 연구할까? 미생물, 균류, 식물 뿌리, 곤충의 상호작용은 인류가 의존하는 세계를 만든다. 과학은 구성 요소들을 분석함으로써 전체를 이해하는 데 익숙하다. 그런데 토양은 정반대일 수 있다. 땅속에서 무슨 일이 일어나는지를 파악하려면, 지구의 이 살아있는 덮개를 포괄적으로 이해할 필요가 있다. 어머니 지구 Mother Earth라는 용어는 감상적인 온정의 의미로 만들어진 것이 아니다. 생명의 기원이라는 원초적인 진리를 나타낸다.[2]

지렁이, 쇠똥구리, 개미의 지구

곤충과 무척추동물의 90퍼센트는 생애의 일부 또는 대부분을 토양 속이나 토양 위에서 보낸다. 대체로 우리는 그들을 무시하며, 흰개미가 하듯이 우리에게 영향을 미칠 때에만 관심을 보인다. 곤충은 잎, 뿌리, 균류, 다른 곤충을 먹고, 배설물로 토양을 비옥하게 한다. 그들의 활동은 토양에 혜택을 주지만, 그 혜택이 모든 식량 작물에 돌아가는 것은 아니다. 청줄벌은 배수가 잘 되는 흙 속에 집을 지으며, 지하에 꽃꿀과 꿀을 저장한다. 노르스름한 날개에 몸통이 통통한 초록빛을 띤 매미는 최대 25년까지 나무뿌리 사이에서 지낼 수 있다. 낫발이, 밤나방, 날개응애, 나나니벌, 알락여치, 톡토기, 공벌레, 노래기, 무당벌레, 풍뎅이 등이 이웃이다.

곤충의 95퍼센트는 토양과 식물에 유익하다. 몇몇 딱정벌레 종은 특히 소중하다. 그들은 굴나방, 거세미나방, 진딧물의 유충을 비롯한 해충과 잡초 씨를 먹는다.[3] 계절에 따라 곤충과 씨 사이를 오가면서 식성을 바꿈으로써, 농민에게 가장 도움이 되는 생물학적 해충 방제자가 된다.[4] 그 보답으로 일부 농민은 밭에 키 큰 풀들을 띠처럼 줄줄이 심어놓는다. 이 이른바 딱정벌레 둔덕 beetle bank은 포식자를 막아주고 겨울에 식량과 피신처를 제공할 수 있다.

토양의 주인공을 뽑는다면, 지렁이가 우승한다. 지렁이는 썩어가는 뿌리, 잎, 배설물, 선형동물, 세균, 미생물, 균류를 하루 24시간 먹어치우면서 꿈틀꿈틀 돌아다닌다. 이 '지구 최고의 연금술사'의 소화계에서 배설되는 지렁이똥 vermicast은 매우 뛰어난 비료로 여겨진다.[5] 이 배설물에는 광물질, 효소, 미생물, 식물 뿌리가 흡수할 수 있는 영양소가 들어있다. 농생태학자 니콜 매스터스 Nicole Masters는 이렇게 썼다.

"지렁이똥은 합성 비료가 꿈꾸는 수준을 훨씬 넘어서 종자 발아, 식물 건강, 생산에 기여한다. 생산자와 환경이 부담할 비용을 훨씬 줄이면서다. 토양의 겉흙에 작용하는 것도 있고, 더 깊이 작용하는 것도 있다. 붉은지렁이는 지하 1.8미터까지 들어가면서 광물질을 위쪽으로 옮기고 유기물을 아래쪽으로 보낸다."

지렁이가 핵심 종임을 처음으로 세계에 알린 사람은 찰스 다윈이었다. 다윈은 온갖 조롱을 받으면서도 지렁이를 옹호했다. 그는 "이 하등하게 조직된 생물만큼 세계 역사에서 중요한 역할을 한" 종은 결코 없다고 단언했다. 다윈은 지질학을 공부했지만, 종교 교리가 제시하는 것처럼 종이 엄격하게 고정된 형태와 기능을 지닌 것이 아니라 자기 환경에 적응하면서 진화한다는 사실을 예리하게 간파했다. 지질학자 찰스 라이엘Charles Lyell은 자연적인 원인이 어떻게 수백만 년에 걸쳐서 지질학적 변화를 일으켰는지를 보여줌으로써 진화의 시간 범위를 확대했다. 라이엘의 통찰을 토대로 다윈의 숙부인 조사이어 웨지우드Josiah Wedgewood는 다윈에게 퇴적층에서 보이는 기간보다 어떻게 더 짧은 기간에 땅이 솟아오르고 가라앉는지를 조사해보라고 제안했다.

그래서 다윈은 자녀들과 함께 켄트에 있는 8헥타르의 조지아 양식 저택에서 흙에 굴을 파고 돌아다니는 지렁이를 연구했다. 식구들은 새벽에 앞쪽 정원으로 가서 땅 위에 쌓인 지렁이 배설물의 양을 재곤 했다. 토양 위에 쌓인 배설물이 많을수록 그 아래의 지하 토양은 더 적어진다는 의미였다. 다윈은 지렁이의 활동으로 어떻게 땅이 가라앉는지를 특이한 방법을 써서 측정했다. 이른바 지렁이 돌이라는 둥근 돌을 잔디밭에 올려놓아서 그것이 서서히 더 깊이 가라앉는 모습을 지켜보았다.[6]

토양공학자를 이야기할 때, 가장 매혹적인 존재는 쇠똥구리일 성싶다.[7] 쇠똥구리 중 가장 눈에 띄는 종류는 아프리카 사바나에 산다. 이들은 동물 배설물을 모아서 자기 체중 및 크기의 최대 10배에 달하는 둥근 경단으로 빚는다. 쇠똥구리는 하룻밤에 자기 체중의 200배까지 배설물을 땅에 묻을 수 있다. 앞다리로 몸을 지탱하면서 뒷다리로 똥 경단을 지하 육아실로 밀어넣는다. 쇠똥구리가 똥 경단을 미는 힘이 어느 정도일까? 700킬로그램짜리 배설물 덩어리를 울퉁불퉁한 땅 위로 800미터 밀고 간다고 상상하면 된다.

쇠똥구리는 오로지 똥만 먹는다. 고대 이집트인은 쇠똥구리를 '스카라베scarab'라고 부르며 신성시했다. 출생, 삶, 죽음, 재생의 상징이었다. 시신을 무덤에 묻을 때에는 가슴에 스카라베 석조상을 올려놓았다. 쇠똥구리는 15~20센티미터 깊이로 새끼들이 자랄 구멍을 파고서 그 안에 똥 경단을 굴려 넣은 뒤, 똥 안에 알을 낳는다. 부화한 애벌레는 경단을 먹으며 자란다. 쇠똥구리는 토양구조를 개선하고, 씨를 묻고, 식물 영양소를 재순환한다.[8] 배설물이 쌓이는 땅을 청소하는 일을 워낙 잘하기에, 척박한 목초지를 개량하는 용도로 번식시켜서 세계 각지로 수출도 한다. 동물 배설물이 쌓인 채 그대로 남아 있어서 기생성 파리의 번식지가 되는 땅에 풀어놓는다. 또 공원과 녹지에 개 배설물이 쌓이는 도시 지역으로도 도입된다.

대지의 관리자인 야행성 쇠똥구리는 거의 신비적인 방향 감각을 지닌다.[9] 맑은 날 밤에 편광을 볼 수 있는 쇠똥구리는 별빛으로 은하수를 감지해서 자신의 위치와 방향을 파악한다. 달이 환해서 별빛이 잘 보이지 않으면, 달을 나침반으로 삼는다. 쇠똥구리는 남극대륙을 제외한 모든 곳에 살지만, 가축을 가두어 기르거나 항생제와 약물이 섞여서 배설물이 독성을 지니게 되면서 점점 사라지고 있다. 쇠똥구리는 토양을 형성한다. 산업농은 토양을 파괴한다. 유엔환경계획은 연간 240억 톤의 겉흙이 침식으로 사라진다고 추정한다. 1인당 약 2.7톤이다.

개미가 세계를 지배하며 토양에 스며들어 있다는 말을 흔히 한다. E. O. 윌슨은 호모사피엔스가 없다면, 지구는 개미의 행성이 될 것이라고 했다.[10] 우리가 출현하기 전에 개미는 실제로 그랬다. 개미는 세계를 운영했고 결정적이고 생성적으로 식물상과 미시 동물상을 관리했다. 아르헨티나의 한 개미 집단은 텍사스보다 넓은 면적을 차지한다.[11] 사람 한 명당 개미는 250만 마리가 있으며, 의문의 여지 없이 개미의 대다수는 암컷이다. 수컷은 날개와 커다란 생식기로 이루어진 존재이며, 한 가지 역할을 위해 살아간다. 여왕을 수정시키는 일이다. 날아가는 정자 미사일이라고 묘사되는 수컷은 그 일을 마치면 일주일 안에 죽는다. 반면에 여왕은 10년 이상 살 수 있다.

토양에서 개미의 지배와 역할은 대단히 중요하다. 개미는 잎, 수액, 진딧물, 균류, 동물, 꽃꿀, 도마뱀, 양서류, 애지네 그리고 죽거나 다친 동료를 먹는다. 개미는 토양에 방대한 터널을 파서 공기가 통하도록 하고, 영양소를 쌓는다. 잎꾼개미는 줄지어서 잎, 열매, 꽃을 들고 땅속의 드넓은 집으로 가져가며, 가져온 식물들을 씹어서 쌓아 텃밭을 만들어 곰팡이를 기른다. 이들은 이 곰팡이만 먹는다. 이 땅속 집의 둔덕은 길이가 30미터에 달할 수도 있고, 수백만 마리가 살아갈 수도 있다.[12] 한 개미집에서 캐낸 흙이 50톤 이상에 달하기도 한다.

한 컵 분량의 토양은 그 자체가 다양한 동물, 미생물 수십억 마리가 서로를 먹어대는 뷔페다. 온갖 선충nematode도 이 잔치에 참석해서 자신이 먹는 쪽을 택한 미생물 집단을 조절한다.[13] 대다수의 사람들은 선충이라는 단어조차 들어보지 못했을 것이다. 선충은 1억 종이 넘으며, 1인당 600마리가 있다고 추정된다. 지구에 사는 동물의 80퍼센트를 차지한다. 선충은 암석권의 층들로 침투하여 지하 3,650미터까지 들어간다. 현미경으로 보면, 선충은 구불구불한 작은 털 가닥처럼 보인다. 환경에서 이들은 편재ubiquity라는 말을 재정의하는 수준이다. 극지방에서 해저에 이르까지, 어디에서나 번성한다. 이들은 동물계 내에서도 산다(인체에도 35종이 산다).

살충제와 단일경작

니콜 매스터스는 토양의 소화 과정을 우리 몸의 소화 과정과 비교했다. 우리는 음식을 씹어서 침이 섞인 덩어리로 만들어 삼키며, 그 음식물은 장내 세균을 통해 분해된다. 세균의 효소에 분해되어 영양소가 되어 우리 혈액으로 흡수된다. 지난 20년 동안 이해도가 깊어짐에 따라서 우리 창자는 하수도라는 비유에서 벗어나 제2의 뇌라고 불리는 생물군계로 대접을 받게 되었다. 토양 생물군계도 비슷한 소화 과정을 포함하며, 마찬가지로 이해도에서 천지가 개벽할 수준의 변화가 일어나고 있다. 용해성 비료, 쟁기, 살충제, 살균제를 집어넣을 수 있는 매체로 여겨졌던 건강한 토양은 이제 살아있는 생태계이자 활력, 영양소 축적, 광물질, 물, 회복력의 원천으로 인정받고 있다.

사람의 장내 미생물상은 신체 건강과 정신 건강에 매우 중요하며, 최대한 부양하려면 영양이 풍부하고 가공되지 않은 음식물을 다양하게 제공해야 한다. 초가공식품, 당, 첨가제, 인공감미료, 보존제, 과다한 영양 보충제, 고약한 지방, 술, 마약은 창자를 난장판으로 만든다. 이를 토양에 비유하면 제초제, 네오니코티노이드, 카바메이트, 살조제, 용해성 비료, 살선충제, 살충제 등을 뿌리는 것과 같다. 수확량을 유지하고 포식을 억제한다고 농민들에게 팔지만, 실제로는 토양의 생명의 죽이는 산업용 '정크 푸드' 제품들이다. 끝없이 뿌려지는 화학물질과 독소는 균류, 토양 동물, 미생물 사이의 이루 헤아릴 수 없이 많은 상호작용이 빚어내는 복잡성과 다산성을 파괴한다.

인류가 어떻게 식량을 생산할 것인가라는 측면에서 세계는 현재 변곡점에 와있다. 현대 농업 기술은 관리와 쥐어짜기를 혼동한다. 경고가 쏟아지고 있음에도, 단일경작은 확대되고 있다. 살충제와 비료를 더 많이 요구하는 동일한 유전형의 고수확 종자를 뿌리면서다. 작물은 당신과 나를 위해 개발되는 것이 아니다. 돈을 벌고, 초가공식품에 쓸 저렴한 녹말과 당을 제조하고, 우리에 가두어 기르는 돼지와 소와 닭에 줄 사료를 생산하기 위해 개발된다. 우리의 농업 지식은 기본적으로 생물 다양성이 낮고, 균류가 사라지고, 탄소가 빈약한 변성된 토양을 관찰하고 분석함으로써 얻은 것이다. 농민 대다수는 온전히 제 기능을 하는 토양을 결코 본 적이 없을 가능성이 꽤 높다.[14] 그들은 그런 빈약한 토양을 정상이라고 여긴다.

토양에 일어난 일의 폭과 깊이를 개인적으로 이해하고 싶다면, 그 토양에 서보라. 발자국이 남지 않는다면, 그 토양은 건강하지 않다. 이미 짓눌려 있다. 물과 공기를 머금을 공간이 사라진 상태다. 본래의 구조를 이미 잃었기에 미생물과 균류가 살아갈 서식지도 부족하다. 양의 되먹임 고리^{positive feedback loop}다. 생명이 적을수록, 구조도 파괴된다. 살아있는 토양은 모래와 벽돌 사이의 중간에 놓이는 것이 아니라, 눈과 코로 확연히 느낄 수 있다. 또 손으로 퍼낼 수 있어야 한다.

그 부드럽고 검고 잘 부서지는 흙을 햇볕 아래에서 자세히 살펴보라. 반짝거리고 축축해야 한다. 지렁이와 작은 절지동물도 보일 수 있다. 이 새까만 흙은 그 어떤 냄새와도 다른 향긋한 냄새를 풍긴다. 이 흙냄새는 영어로 페트리코petrichor 또는 지오스민geosmin이라고 하며, 식물이 배출해서 모래와 암석에 흡수된 방향유에서 난다고 한다. 우리의 코와 몸은 그 향기, 그 생명의 냄새를 알며, 그것이 좋다는 것도 안다. 그 흙을 만든 생명은 식물, 태양의 에너지로 만들어진 생명체다. 토양은 햇빛과 눈에 언뜻 비치는 반짝임을 연결하는 고리다. 이는 시적으로 들리도록 하는 말이 아니다. 사실이다.

녹색혁명의 후유증

농민은 처음 접하면 깜짝 놀라게 마련인 농학 체계를 배워서 써왔다. 경작지를 기계로 갈아엎으면서 화학물질을 직접 뿌리면 수확량, 소득, 안정성이 증가했다. 다량의 영양소, 질소, 칼륨, 인을 지표면에 뿌린다는 것은 작물 뿌리가 기본 요구를 충족시키기 위해 멀리까지 뻗어갈 필요가 없음을 뜻했다. 그러나 이 작물이 땅속 더 깊이 있는 복잡한 광물질 영양소를 얻을 가능성은 더 낮아졌다. 현대 경운 기법은 토양을 분쇄하고, 탄소를 대기로 방출시키고, 산소와 물을 토양의 생물 공동체에 제공하는 공극을 파괴한다.[15] 해마다 그런 일이 반복되면 토양은 살아있는 생태계가 아니라 오물이 된다. 화학물질을 가리키는 농업 용어를 쓰자면, '투입 요소'에 의존하는 것이 된다.

1960년대의 녹색혁명은 살충제, 제초제, 합성 비료를 더 많이 투입해야 하는 고수확 벼와 키 작은 벼 품종을 낳았다. 당시 화학적 농업이 세계의 굶주림을 막을 수 있다는 믿음이 널리 퍼졌다. 이런 변화가 더 많은 식량을 생산했다는 것에 이의를 제기할 사람은 아무도 없다. 러시아에 자극을 받아서 굶주림과 가난에 시달리는 나라들에서 '붉은' 공산주의 혁명이 점점 인기를 얻는 상황과 대비시키고자 이를 '녹색'혁명이라고 했다. 미국은 그 위협에 맞서서 굶주림을 종식시키고 식량 안보를 달성하는 것을 목표로 삼았다. 녹색혁명은 매우 서서히 찾아오는 대규모 후유증을 수반하는 승리였다. 단일경작 농업(밀, 옥수수, 대두)은 더 많은 농기계, 화석연료, 독극물, 경운, 쟁기질을 필요로 한다. 합성 비료, 살충제, 살균제에 의존하자 수확량이 2배로 늘었다. 이 시기에 식량 체계는 세계 온실가스 배출의 거의 3분의 1을 차지하는 가장 큰 배출원이 되었다.

그러나 이 혁명은 식량을 더 쥐어짜기 위해서 토양의 생명을 파괴했다. 지난 40년 사이에 경작지의 3분의 1은 산업농의 수중에 들어갔고, 토양침식률은 자연 침식률의 100~1,000배로 늘었다.[16, 17] 고수확, 고투입의 성취를 종합 평가할 때, 생태적 비용은 언급되지 않는다. 농민은 녹색혁명의 수확량 증대 혜택을 보지 못했다. 대기업은 상품 가격 하락으로 혜택을 보았다. 청량음료 기업은 고과당 옥수수 시럽을 씀으로써 비용을 줄였고, 세계 옥수수 재배의 수도가 된 아이오와는 수확량의 64퍼센트를 자동차용 에탄올 연료를 생산하는 데 썼다. 옥수수를 써서 에탄올 연료를 생산하려면 화석연료 에너지가 필요하므로, 전체적으로 수지를 따지면 에너지는 순손실이다. 게다가 온실가스 증가, 화학물질 오염과 물 오염, 죽음의 해역, 꽃가루 매개자 감소까지 일으킨다. 에탄올 연료는 항공사가 줄을 서서 구매하는 '청정 연료'로 취급된다.

현재 상품 작물에 의존하는 농가는 예전보다 더 경제적으로 불안한 상태에 있다. 빚을 지고 스트레스를 받고 유독한 환경에서 일한다. 일부 농가는 자신이 재배한 것을 먹지 않고, 유기농 텃밭에서 가족이 먹을 것을 따로 기른다. 오늘날

30억 명은 건강한 식사를 할 능력이 안 된다. 녹색혁명이 시작될 즈음의 세계 인구와 맞먹는다.[18]

미생물의 토양 회복력

산업화한 토양은 생명의 저장소가 아니라, 말라붙은 호수 바닥에 더 가깝다. 기후변화와 기존 농업은 악순환을 이룬다. 서로 악화시킨다. 『농업 성전A Agricultural Testament』을 소개하는 서문에서 웬들 베리는 화학적 농업이 자신이 무엇을 파괴하고 있는지를 모르기 때문에, 자신이 무슨 짓을 저지르고 있는지 결코 모르고 있었다고 지적한다. 굶주림, 식량, 농업, 사막화, 삼림 파괴를 다루는 국제기관들은 땅의 붕괴 속도에 놀라서 몹시 우려한다. 토양의 회복은 본래 지닌 재생 과정이 그 땅에 돌아올 수 있도록 하는 능동적인 과정이다. 세균, 미생물, 바이러스, 균류, 개미, 지렁이, 곤충, 선충의 상호작용은 토양 0.1제곱미터만 따져도 계산이 불가능할 수준이다.[19]

이 작은 것들이 세계를 운영한다면, 그중에 가장 작은 것들이야말로 가장 큰 영향을 미칠 수도 있다. 단세포 미생물은 주변 환경을 검출하며, 그 환경에 반응하는 감지기가 세포벽에 10만 개나 있을 수도 있다.[20] 찻숟가락 분량의 토양에는 10억 마리가 넘는 미생물이 있다. 토양의 미생물은 헤아릴 수 없이 복잡한 양상을 띤다. 균사체, 선충, 빛, 비, 뿌리, 밤에 날아올라 새로운 쇠똥 더미를 찾는 쇠똥구리 떼의 상호작용도 그렇다. 가장 작은 것들이 토양의 질감, 비옥도, 조성, 습도, 양분을 결정한다.

토양은 지표면 아래에서 일어나는 탄소의 춤과 흐름이다. 이 춤을 위한 사운드트랙이 있다.[21] 지난 20년 동안 과학자들은 토양에 마이크를 넣어서 이 음악을 녹음해왔다.[22] 똑똑, 치르르, 짹짹, 웅웅, 끼익 등. 마른 잎이 바스락거리면서 내는 숨죽인 부드러운 소리와 공극으로 물이 움직이는 소리도 있다. 향유고래와 보츠와나와 나미비아의 산족이 내는 소리와 비슷한 딸깍거리는 소리도 들을 수 있다. 두더지쥐가 터널 벽에 머리를 쿵 부딪치는 소리도 들린다. 한 연구자는 토양의 소리를 바람에 흔들리는 커다란 나무의 삐걱거리는 소리가 울려퍼지는 것 같다고 묘사했다. 기름지면서 다양성을 띤 토양이 내는 소리들이 다 합쳐지면 고운 사포를 서로 문지르는 것처럼 들릴 수도 있다.[23] 식물 뿌리도 토양을 뚫고 자라면서 우리 귀에 들리는 소리를 낸다. 봄에 땅을 향해 머리를 기울이고 있는 개똥지빠귀를 지켜보라. 이 배고픈 새는 애벌레와 지렁이의 소리를 듣고 있는 것이다. 토양의 소리를 연구하는 과학자들은 농기계와 화학물질을 쓰는 산업농 경작지가 "기이하게 조용하다"고 말한다.[24]

'엉망진창' 농업

그 운동량과 위력을 생각할 때, 산업적 농업에 생태적이 되라고 요청하는 것은 달리는 열차에 유턴을 하라고 요구하는 것과 다름없다. 상업적 농업은 건강한 토양에 본질적인 생명체의 활동을 억제함으로써, 탄소의 흐름을 옥죄고 제약한다. 재생 농법으로 나아가는 길은 연구실이 아니라 토양에 있다. 다른 방법은 아예 없다. 생태 농업의 실행을 가로막는 것은 세계 최대의 화학 기업들로 이루어진 산업이다. 토양을 재생할 수단은 그들이 통에 담아 팔 수 없는 것이기에, 그들은 난감한 상황에 놓여있다.

기존 식량 산업은 산업적 농업이 지속되고, 거기에 곧 수직 농장, 실험실에서 기른 닭고기, 배양육이 추가될 것이라고 내다본다. 새로운 인위적 방안들은 식량 체계를 토양의 살아있는 생태계로부터 더욱더 집약된 생산 쪽으로 옮길 것이다. 기업형 식량 생산은 생명을 살리는 농사법을 짓밟고 농민 없는 농장을 꿈꾼다. 재생하는 땅을 토대로 한 방법들로는 기업 규모의 수익을 얻지 못하기 때문이다. 회복을 도모하는 농사 기술과 방식은 다양한 이름으로 불린다. 농생태학, 생태농업, 유기농업, 재생농업이라는 용어는 대부분의 방법을 포괄하는 말이다. 이런 농사법들은 그 지역의 식물, 토양, 곤충, 균류의 관계를 폭넓게 활용한다. 이 농사법들은 산업적 방법보다 과학에 더 기반을 두고 있다. 해를 끼치지 않으면서 분해되는, 정교하면서 생물학적인 비독성 성분들을 쓴다. 작은 통에서 액상 발효를 통해 토양에 본래 있는 미생물 집단을 배양해서 토양으로 돌려보내는 방법도 있다. 이 발효액을 토양 케피르kefir•라고 불러도 될 듯하다. 땅은 농민에게 자신이 원하는 것이 무엇인지 알려준다.

  토양과 초지가 훼손되고 메말라가고 있기에, 땅을 치유하는 일을 하는 땅 의사도 늘어나고 있다. 주디스 슈워츠, 니콜 매스터스, 크리스 헹겔러, 존 리우, 브록 돌먼, 크리스틴 존스, 찰리와 타냐 매시, 휘췬 수, 다이앤과 이언 해거티를 비롯

• 불가리아 등의 산악 지대에서 양이나 산양의 젖을 사용하여 만든 발효주.

한 수백 명이 현재 활동하고 있다.²⁵ 초식동물, 풀 띠, 키라인keyline•설계, 크림퍼crimper••, 도랑 채우기gully stuffing•••, 미생물 배양액microbial brew••••, 복합 돌려짓기, 화재생태학 등 여러 도구와 기법을 써서, 토질 악화와 토양 병리에 대처한다. 에이브러햄 링컨은 현대 농업에 딱 들어맞는 용어를 창안했다. '엉망진창bass-ackwards'이라는 단어다. 식물 육종학자들은 척박해진 토양에서 자라는 품종을 만드는 일에 한 세기 동안 매진해왔다. 토양 회복에 힘써야 할 시간에 말이다.

    재생 농업의 표어는 단순하다. 차근차근 지상과 지하에 생명을 늘리자. 토양 검사는 토양의 이런저런 특성을 알려주는데, 잡초도 그렇다. 끈덕지게 침입하는 잡초는 그 아래 토양에 불균형이 있음을 알려준다. 즉 잡초는 지하에서 일어나는 토양 동역학에 대한 반응이다. 웨스턴오스트레일리아에서 유명한 1만 2,140헥타르의 밀과 양 농장을 운영하는 해거티 부부처럼, 재생 방목 기법을 쓰는 농민들은 수십 년

• 경관 디자인에 적용된 방식을 응용해 경작지의 곳곳에 깊이 물길을 파서 물의 보수력과 분배를 도모하는 방법.
•• 경작지에서 굴리며 기존 작물의 잔해를 절단하는 장비. 잔해를 그대로 쌓아둠으로써 잡초를 억제하고 그 사이로 씨를 심는다.
••• 도랑에 목재 같은 것을 넣어 유속을 늦추어서 퇴적물과 유기물, 둑의 유실을 억제하는 방법.
•••• 식물 생장에 도움을 주는 미생물, 양분, 광물질이 들어있는 퇴비액.

전에 사라졌던 이로운 토착 식물들이 다시 돌아온다고 이야기한다. 생태농법을 실천하는 전 세계의 농민들은 자신의 땅, 토양, 작물로부터 배우는 중이다. 그 지식은 동료들 사이에 공유되고, 농업학교에도 서서히 받아들여지고 있다.

   북아메리카의 키 큰 풀들이 자라는 초원은 캐나다에서 오클라호마까지, 그리고 중서부 전역에 펼쳐져 있다.[26] 이 넓이 1억 헥타르의 초원은 들소, 엘크, 사슴, 영양 떼의 고향이었다. 쌍떡잎 초본, 나도솔새, 황금수염풀, 큰개기장 등 키가 1.8미터 이상 자라고 뿌리가 1.5~4.5미터까지 들어가는 다년생 풀들이 자랐다. 토양은 글로말린glomalin이라는, 탄소가 풍부한 끈적거리는 물질을 형성했다. 이 물질은 토양을 꽉 얽어매서 지구의 그 어떤 숲보다도 더 많은 탄소를 격리했다. 이렇게 유달리 많이 쌓인 탄소는 몰리솔mollisol이라는 세계에서 가장 비옥한 토양을 형성했다.[27] 니콜 매스터스가 지적하듯이, 비료 트럭이 들소 6,000만 마리를 따라다니면서 배설물을 모아 지구에서 가장 기름지고 가장 검고 가장 깊은 겉흙을 생성한 것이 아니다.

제14장

잃어버린 야생
:
인간은 자연을 복원할 수 있는가

화려한 불빛으로 빛나는 도시의 하늘 너머로 가서
눈이 어둠에 익숙해질 때까지 기다리자.
동물들이 은신처에서 나오는 모습을 지켜보자.
그들의 빛나는 눈과 스쳐 지나가는 윤곽을 지켜보자.
식물의 향긋한 냄새가 어떻게 달라지는지 맡고,
시간이 흐르면서 어떤 새로운 소리가 들리는지
들어보자.[1]

요한 에클뢰프 Johan Eklöf

세계에서 가장 중요한 농장에서는 식량을 재배하지 않는다. 1999년 영국 서식스에 있는 넵 이스테이트Knepp Estate라는 약 1,400헥타르의 농장을 소유한 찰리 버렐Charlie Burrell과 이저벨라 트리Isabella Tree는 쌓이는 적자를 견디다 못해 농사를 포기했다. 점토질 토양이 문제의 근원이었다. 서식스의 점토는 수십 가지의 모욕적인 이름으로 불린다(slub, gawm, gubber, sleech, pug 등). 겨울에 축축해진 이 흙에 말을 탄 사람이 머리끝만 남긴 채 푹 빠진 적도 있었다. 7월이 되면 점토는 시멘트처럼 굳었다. 땅이 다시 물러져서 경작이든 뭐든 하려면 6개월이 지나야 할 때도 있었다. 그래도 그들은 수익을 올리고자 애썼다. 집약적 농사법이 동원되었다. 새로운 농기계, 값비싼 비료, 정교한 살충제, 최신 착유 시설 등등. 수확량이 증가하고, 유제품은 전국에서 열 손가락 안에 꼽히게 되었지만, 서식스 점토는 여전히 위세를 떨쳤다. 적자가 쌓여갔다. 2000년, 그들은 그 뒤로 보전 분야 전체에 큰 반향을 불러일으킨 결정을 내렸다. 그들은 농장이 야생으로 돌아가도록 놔두기로 했다.

트리와 버렐은 자연사학자이자 학자다. 이저벨라는 상을 받은 저자이자 보전 활동가다. 그들은 찰리가 자란 아프리카의 덤불 지대를 몇 차례 여행했다. 그 대륙에는 야생동물들이 자유롭게 돌아다니는 경관들이 있었다. 울타리도, 기계도, 도로도, 경작도 없는 곳들이었다. 산업적 농업이 이루어지는 영국의 헐벗은 저지대와 다양한 야생동물들이 우글거리는 세렝게티 평원은 극명하게 대조를 이루었다.[2] 찰리는 생각에 잠겼다. 아프리카에서 본 풍경을 모방해서 넵에서도 자연적인 과정들이 자유롭게 펼쳐지도록 할 수 있을까? 길들여지지 않은 동물들이 자유롭게 풀을 뜯도록 한다면, 그 땅에 다양한 서식지와 야생동물 사바나가 형성되지 않을까?[3] 지역 주민, 보전 활동가, 지방정부 할 것 없이 모두 떨떠름한 반응을 보였다.

그들은 네덜란드 보전 활동가이자 생물학자인 프란스 페

라Frans Vera의 연구에서 영감을 얻었다. 페라는 유럽의 경관 진화에 관해 많은 논쟁을 불러일으킨 이론을 제시한 사람이었다.[4] 기존에는 오래된 원시림이 줄어드는 생물 다양성을 지키는 데 꼭 필요하다고 여겨왔다. 하지만 페라는 '원시적인 자연'이 백설공주와 그림 형제의 동화에 나오는 숲이 아니라, 풀을 뜯는 야생동물들이 만든 탁 트인 소림지-초지로 이루어진다고 주장했다. 페라는 오래된 숲을 지키기보다는 풀을 뜯는 포유동물들이 숲으로 돌아오도록 해야 한다고 제안했다. 그는 초지와 숲의 공생이야말로 생물학적 다양성을 최대로 늘리며, 풀을 뜯는 동물이 언제나 서식지 생성의 원동력이었다고 믿었다. 자유롭게 돌아다니는 동물들이 없다면, "종수가 점점 줄어드는 빈약하고 정적이고 단조로운 서식지가 될 것이다. 그것이 바로 많은 보전 노력이 실패하는 이유다". 당시 페라의 생각은 이단적으로 비쳤고, 많은 보전 활동가들은 지금도 여전히 그렇다고 본다.

2000년에 찰리와 이저벨라는 농장을 폐업하고 소와 농기계를 팔았다. 대신에 그들은 예전에 영국과 유럽에 널리 퍼져있던 종들과 아주 가까운 종들을 들여왔다. 안에 있던 울타리는 거의 다 걷어내고 농장 경계를 이루는 울타리는 보강한 뒤, 그들은 다마사슴, 영국긴뿔소, 엑스무어조랑말, 탬

웍스 암퇘지와 새끼를 풀어놓았다. 이 네 가지 동물은 멸종한 오록스auroch, 타르판tarpan(1887년에 마지막으로 목격된 유럽의 야생 말), 비젠트wisent(1920년대에 야생에서 멸종한 유럽들소), 엘크, 멧돼지의 가까운 친척이었다. 동물들은 그 안에서 자유롭게 돌아다녔다. 사료도 주지 않았고 간섭도 전혀 없었다. 비버와 붉은사슴과 노루도 추가로 들여왔다. 주민들과 정부가 늑대, 울버린, 스라소니 같은 최상위 포식자를 들여오는 일은 반대했기에, 개체수가 너무 늘어날 때면 인위적으로 조절을 해야 했다.

넵의 뜻밖의 결과는 이저벨라 트리가 써서 영국에서 판매부수 1위에 올랐던 『야생 쪽으로』와 최근에 두 사람이 함께 쓴 『야생화 설명서The Book of Wilding』에 탁월하게 설명되어 있다. 넵은 찰리의 아프리카와 페라의 유럽 관찰이 옳았음을 증언하는 놀라운 사례가 되었다. 넵이 변하면서, 상당히 많은 수의 종이 찾아왔다. 이저벨라에게는 영국에서 오늘날 거의 들리지 않게 된 멧비둘기의 달래는 듯한 부드러운 소리를 들었던 순간이 가장 소중한 기억으로 남았다. 이 비둘기는 1960년대에는 영국에 25만 마리가 살았지만, 지금은 5,000마리쯤 남아있다고 추정되며, 넵이 속한 군에는 200마리도 안 된다. 유럽 전체로 보면 해마다 봄의 이주 시기에 사냥꾼에게 죽는 개체가 100만 마리를 넘는다. 영국에서 개체수 감소는 제초제, 살충제, 쟁기질, 토착 식물과 산울타리의 제거로 시골이 황폐해진 결과다. 다른 많은 농경지의 새들은 식량이나 안전한 둥지 자리의 부족으로 전국에서 사라지고 있다. 메추라기, 댕기물떼새, 종달새, 홍방울새, 참새는 살충제가 아니라 곤충이 필요하다.

재야생화 실험

넵의 비밀은 방향을 틀어서 자연이 스스로 알아서 하도록 맡긴 데 있었다. 이저벨라는 이렇게 썼다.

"재야생화rewilding, 즉 자연에 자신을 표현할 공간과 기회를 제공하는 행위는 대체로 신념의 도약이라고 할 수 있다. 선입관을 버리고 그저 뒤로 물러나 앉아서 무슨 일이 벌어지는지 지켜보는 것이다."[5]

열차를 타고 넵으로 향하면서 나는 창밖으로 화학적 질소 비료가 빚어낸 청록색을 띤 목초지를 내다보았다. 산울타리는 거의 보이지 않았다. 넵에 도착하니 향긋한 냄새가 나를 감쌌다. 토양, 풀, 꽃, 풀밭, 숲이 내는 뭐라고 묘사하기 어려운 향기였다. 2019년에는 황새 한 마리가 성탑 한 곳에 둥지를 틀었다.[6] 영국이라는 국가가 탄생하기 이전인 1414년 이래로 처음 있는 일이었다. 2023년 내가 방문했을 때, 둥지는 20여 곳으로 늘어나 있었다. 무리 중 적어도 절반이 머리 위에서 맴돌고 있었다. 상승기류를 타고 힘들이지 않고 빙빙 도는 새 떼의 축소판이었다. 넵을 방주라고 부른다면 진부한 비유겠지만, 실제로 넵은 그렇다. 매일 같이 새로운 승객들이 걸어서 또는 날아서, 참나무에서 기어오르고 푸드덕거리면서 떼 지어 오고 있다.

새로운 조류 종이 들어올 뿐 아니라, 기존에 있던 새들도 개체 수가 대폭 늘어났다. 붉은날개지빠귀, 회색머리지빠귀, 멧도요, 프랑스에서 카바레라고 하는 쇠홍방울새가 그렇다. 종달새, 숲종다리, 알락오리도 그렇고, 날고 있는 꼬마도요의 까부르는 소리도 늘어났다. 갈까마귀도 100년 만에 돌아왔다. 호수에서는 박쥐가 수면을 스치듯 날고 있었고, 성냥갑 안에 들어갈 만한 작은 박쥐도 보였다. 영국에서 지난 50년 사이에 나방은 88퍼센트가 줄었지만, 넵에서는 지금까지 76종이 새로 목격되었다. 백로, 알락해오라기, 검은머리흰죽지, 삑삑도요에다가 이주하다가 길을 잘못 든 줄기러기 한 마리도 목격된 바 있다. 회색기러기와 이집트기러기도 들어왔다. 나비류도 개체수와 다양성이 폭발적으로 늘어났다. 은점선표범나비, 늪표범나비, 긴은점표범나비, 문지기나비, 가락지나비, 초원갈색나비, 흰뱀눈나비, 꼬마팔랑나비, 연푸른부전나비, 쐐기풀나비, 몹시 희귀해서 많은 이들이 찾아다녔던 번개오색나비도 그랬다.[7] 나이팅게일은 여름밤 내내 떨어대고 재잘거리고 피리 소리 같은 목소리로 노래를 했다. 청딱따구리는 붉은개미를 먹고, 식충성 흰턱딱새는 길고 구슬프게 우짖고, 뻐꾸기의 날카로운 울음소리도 들렸다. 매, 독수리, 쇠부엉이, 담비, 족제비, 긴털족제비 같은 포식자들도 먹이를 찾아 들어왔다.

넵 주위에서 화학적 농업이 이루어진다고 해도, 이 땅에서는 놀라운 일이 일어나고 있다. 찰리와 이저벨라의 딸 낸시Nancy는 옥스퍼드에서 토양의 탄소 포획률을 박사 논문 주제로 삼았다.[8] 최근에 넵에서 재야생화가 이루어진 초지의 토양 탄소를 측정하니, 헥타르당 연간 격리율이 3.4~5.3톤이라고 나왔다. 탄소 검사 기업인 애그리카본Agricarbon의 CEO 애니 리슨Annie Leeson은 내게 보낸 전자우편에서 "세상 어디에서도 이런 규모로, 아니 이런 수준의 증거로 그렇게 명확히 보여준 사례를 본 적"이 없다고 썼다.

2000년 경작지 복원 실험으로 시작된 것이 세계에 한 이

정표가 되어왔다. 이저벨라와 찰리는 이렇게 썼다.

"기후변화, 토양 복원, 식량의 질과 안보, 작물 꽃가루받이, 탄소 격리, 수자원과 수질 정화, 침수 대책, 동물 복지, 인류 건강 등 현재의 가장 시급한 문제들 중 상당수의 논의 초점이 넵에 맞추어지리라고는 상상도 못 했다."

넵은 세계의 생물학적 전이의 필수 경로를 드러낸다.[9] 그렇다고 해서 농장을 포기하라는 의미는 아니다. 지구의 재생이 우리 발아래 놓여있다는 뜻이다. 동물, 토양, 야생성에 말이다. 그리고 이는 근본적이면서 영감을 주는 격언을 잘 보여주는 사례다. 자연은 경이로운 속도로 회복된다.

넵의 명제는 루마니아에서도 명백히 입증되었다. 그곳에서는 2014년 비젠트라고 하는 유럽들소를 남카르파티아산맥에 재도입했다. 미국에서처럼 유럽들소도 사냥당해서 거의 멸종할 뻔했다. 포획 번식과 재야생화를 통해, 개체수가 다시 늘어나서 지금은 수천 마리에 달한다. 루마니아의 타르쿠산맥에 재도입된 이 170마리는 자유롭게 돌아다니고 있다. 그 뒤에 일어난 생태계의 재생 속도는 경이롭다. 프랑스 페라의 권고에 따라 들소는 초지와 숲 생태계에 풀어놓았다.[10] 풀을 뜯는 들소는 영양소를 재순환시키고 씨를 흩어 놓는다. 예일대학교 환경대학원 교수 오스왈드 슈미츠Oswald

Schmitz는 최근에 이 소 떼가 미친 영향을 분석했는데, 이들이 연간 6만 1,000톤의 탄소를 포획한다고 나왔다. 자동차 4만 3,000대가 배출하는 양과 같다. 들소가 장기간 없었을 때에는 쟁기질한 초지에서 엄청난 양의 탄소가 방출되었다. 들소가 다시 돌아오자, 상실에서 축적으로의 빠른 전환이 이루어졌다. 기후를 둘러싼 열띤 논쟁에서 대개 풀을 뜯는 동물은 문제라고 여겨진다. 육류를 제공하고 방목지를 훼손하기 때문이다. 그런데 서식스의 넵과 타르쿠산맥에 재도입된 들소는 다른 이야기를 들려준다.

식물학자 로빈 월 키머러는 원주민들이 우림을 얼마나 잘 아는지 알아보기 위해 젊은 원주민 안내인을 고용한 식물학자의 이야기를 들려준다. 빽빽하게 자란 다양한 식물들 사이로 뚫고 지나갈 때, 안내인은 종마다 그 역사와 이름과 용도를 이야기했다. 식물학자는 안내인의 해박한 지식에 너무나도 놀라서 정말 대단하다고 찬사를 보냈다. 젊은이는 칭찬을 받아들이면서도 풀이 죽은 모습으로 대꾸했다. "맞아요, 이름은 다 배웠어요. (…) 하지만 아직 식물들의 노래를 못 배웠어요."[11] 저술가이자 의사인 싯다르타 무케르지 Siddhartha Mukherjee는 『세포의 노래』에 키머러의 이야기를 적었다.

"그 젊은이의 한탄은 우림 거주자들의 상호 연결성, 즉 생태와 상호 의존성을 배우지 못했다는 것이다. 숲이 어떻게 전체로서 행동하고 살아가는지를 말이다 (…) 나무들 사이에 오가는 노래는 배우지 못했다."[12]

무케르지는 원자론이라는 전제에 의문을 제기하고 있었다. 안톤 판 레이우엔훅이 1674년 단세포생물을 발견했을 때로 거슬러 올라가는 세계관이다. 원자론은 가장 작은 입자인 세포 또는 원자를 연구함으로써 세계를 이해할 수 있다는 믿음이다. 현대 의학과 토양, 식물, 동물 연구의 토대다. 과학이 우리 몸과 자연의 일부, 부위, 조각에 관한 이루 헤아릴 수 없는 엄청난 양의 정보를 축적할 때, 우리는 그 노래, 그 들리지 않는 교향곡, 번역할 수 없는 야생의 세계를 놓치기 십상이다. 노래는 지구 생명의 윤곽들을 하나로 엮어서 복잡하고 이루 헤아릴 수 없는 아름다움과 진리의 무늬를 짠다. 키머러에게 그 노래는 사람, 식물, 동물의 고통을 가슴으로 듣는 능력을 말한다. 해양생태학자 모니카 가글리아노에게는 생각하는 세계와 느끼는 세계의 차이를 뜻한다.[13]

번역할 수 없는 세계

지구 생명의 중심은 동물이다.[14] 우리는 그들 중 하나다. 식물, 동물, 숲, 균류 사이를 오가는 노래는 지성이다. 지구에 사는 동물의 수를 다 세려면 4,500만 년이 걸릴 것이다. 우리가 매일 평균적으로 보는 동물의 수와는 대조적이다. 대부분은 반려동물이나 정육점에서 파는 고기만 접할 가능성이 높다. 다른 3조 4,000억 마리의 조류, 포유류, 파충류, 곤충, 양서류, 어류와의 접촉은 거의 또는 전혀 없다.[15] 동물들이 그 편을 선호한다고 말하는 것이 타당하겠지만, 지금 동물들은 남극대륙에서 알래스카에 이르기까지 모든 곳에서 서식지를 잃고 있다.

이 글을 쓰는 현재 '자연 자본 위험nature risk'이라는 것이 기업의 새로운 관심사로 떠오르고 있다. 수 세기 동안 기하급수적으로 약탈한 뒤인 지금에야 '자연'이 경영계의 주목을 받고 있다는 사실을 보고 있자니 참참한 마음을 금할 수가 없다.[16] 그러나 아직은 미미한 관심을 받고 있을 뿐이다. 낮아지는 지하수위에 의존하는 데이터센터에 무슨 일이 일어날지, 뒤영벌 부족으로 슈퍼마켓에 공급하는 딸기에 문제가 생길지 같은 것들을 걱정하는 수준이다.

경영계는 명료함, 측정, 예측 가능성을 추구한다. 기후위기의 영구적인 해결책을 갈구한다. 승려 페마 초드룬Pema Chödrön은 우리를 가라앉는 배에서 뭐라도 붙잡으려고 물속에서 허우적거리는 사람들이라고 묘사한다.[17] 지구 생명의 역동적이고 유동적이고 자연적인 흐름은 확실성과 영속성을 추구하는 우리의 욕구와 들어맞지 않는다.

다행히도 많은 비영리 기관들은 야생생물의 모든 측면을 다루고 있다. 과학자와 활동가는 지구를 샅샅이 뒤지면서 개체 수를 세고, 종 목록을 작성하고, 서식지를 복원하고, 상실을 슬퍼하고, 환경을 파괴하는 기업과 농업과 정부 기관을 비판한다. 그들의 활동은 영웅적이고 슬픔으로 가득하다. 기후 문제에서도 그렇듯이, 사람들은 자연에 관심이 있다고, 특히 귀엽고 사랑스럽게 묘사될 때 그렇게 말하지만, 무의미한 상실을 막기 위한 노력은 거의 또는 전혀 하지 않는다. 이것이 사람의 문제일까, 의사소통의 문제일까?

야생동물의 개체 수는 1970년 이래로 73퍼센트가 줄었다. 1992년 유엔생물다양성협약은 생물 다양성이 "그 구성 요소들의 지속 가능한 이용과 유전자원의 활용에서 나오는 혜택의 공정하면서 평등한 공유"를 위해 보전되어야 한다고 선언했다. 196개국이 비준한 것도 놀랄 일이 아니다. 이 협약은 생명의 흐름, 탄소의 흐름을 대상화하고 착취하는 관점을 취한다. 이 협약이 비준된 뒤로 엄청나게 많은 생물이 사라져왔다. 대량 멸종이 가속되고 있다.[18] 향유고래, 해달, 스라소니에게 자신이 하나의 구성 요소인지 물어보라.

자연의 가치를 부분과 조각으로 나누고 축소시킴으로써, 그 유엔 협약은 동물들이 어떻게 살아있는 세계의 구성 요소들을 엮어서 우리가 우주에서는 감탄하지만 가까이에서는 무시하는 파란 구슬Blue Marble을 만드는지를 간과한다. 베르너 하이젠베르크는 이렇게 말했다. "우리가 관찰하는 것은 자연 그 자체가 아니라, 우리의 질문 방식에 드러난 자연이다." 살아있는 세계 대다수의 상실이 일종의 응답이라면, 질문은 무엇이었을까? 하이젠베르크는 앎의 방법으로서의 과학만능주의를 비판한다. 동식물의 의사소통, 인지능력, 지능은 우리의 이해 범위를 넘어선다. 번역할 수 없는 세계는 믿음이나 해석에 상관없이 존재한다.

한나 아렌트Hannah Arendt는 광장, 사람들이 서로 만나는 도시와 시골의 공간이 인간의 존엄성과 이해에 얼마나 중요한지 기술했다. 사람과 동물에게도 같은 말을 할 수 있다. 동물은 당연히 은밀하게 행동하고 경계심이 많다. 생태계를 회복하려면, 동물들이 돌아다니고 이동하고 서로 만날 수 있어야 한다. 우리는 안전하고 존중하며 친절한 방식으로 그들과 만날 필요가 있다.

범고래 대량 학살

생물 다양성은 생태계 '부분들'의 목록이 아니라, 크고 작은 생물들 사이의 끊임없는 상호작용, 생물들과 그 상호 연관성의 체계 전체다. 탄소의 춤은 지구의 모든 생태계에서 벌어지는 조직하고, 재배치하고, 배설하고, 씹어 먹고, 재순환하고, 깃들고, 서식하고, 둥지를 틀고, 꽃가루를 옮기고, 유지하는 일을 가리킨다. 무수히 많은 생명체들은 초원, 강, 골짜기, 습지, 기름진 토양, 산호초, 맹그로브 습지, 숲에서 서식지를 부양한다. 그들의 집이 곧 우리의 집이다.[19] 우리가 먹고 보고 냄새 맡고 쓰고 의지하는 것들은 궁극적으로 동물에게 빚을 지고 있다. 식기세척기, 안경, 기저귀, 인터넷처럼 그럴 것 같지 않은 물품들도 그렇다.

식물은 태양에서 오는 에너지를 대사한다. 동물은 식물로부터 얻는 에너지를 대사한다. 식물을 직접 먹거나 초식동물을 먹음으로써다. 에너지는 탄소의 형태로 당, 지방, 단백질로 전달되는 생명의 통화다. 생태계는 더 큰 에너지를 지닌 계의 상호 얽힌 요소들이다. 동물, 식물, 균류의 상호작용은 호혜적이다. 이 에너지 교환, 이 핵심 관계는 생명의 토대다. 우리는 이 계들에 전적으로 의지하며, 이 계들 내에서 뒤얽혀 있다. 이 경이로운 종 다양성 덕분에 태양에서 오는 에너지는 지의류에서 사자에 이르기까지 모든 수준에서 포획된다.

줄을 지어 잎 조각들을 운반하는 잎꾼개미들의 동영상을 볼 때, 700킬로그램의 장바구니를 숲속 가게에서 집까지 운반한다고 상상해보라. 이 점에서 그들은 우리와 비슷하다. 그저 힘이 더 셀 뿐이다. 우리는 크고 작은 도시를 건설한다. 그들은 100억 마리에 이르는 집단을 형성한다(잎꾼개미는 텍사스에서 도시개미라고 불린다). 우리는 농장을 일군다. 그들은 식물을 씹어 조성한 밭에서 곰팡이를 기른다. 우리에게는 직업이 있다. 그들도 복잡한 분업을 이룬다. 조 단위의 동물들이 지구 생명의 기본 틀을 가공하고 구축하지만, 다른 동물인 우리는 그들을 내팽개치고, 낚아내고, 쟁기질하여 없애고, 벌목하여 치우고, 탈수시켜 죽인다. 생물 다양성의 '중요성'을 별것 아닌 양 그냥 한마디 하고 넘어가는 것은 지독한 과소평가다.

이 상실이 언제나 눈에 잘 띄는 것은 아니다. 미국에서는 비버가 사라지면서 수백 제곱킬로미터의 늪, 습지, 소택지가 말라붙었다. 습지는 식물, 갑각류, 개구리, 섭금류, 거북, 사향쥐, 딱정벌레, 연체동물, 잠자리 등 수백 종을 지탱한다. 미국의 3분의 1을 덮고 있던 키 큰 풀이 자라는 초원은 원래 범위의 4퍼센트 이하로 줄어들었다. 기준선 이동 증후군shifting baseline syndrome•은 사람들이 자신의 생애 동안에만 점진적인 변화를 본다는 의미다. 최근의 사건이 아닌 한, 사라진 습지를 본 사람은 아무도 없다. 우리가 사는 지구는 우리에게 역사적 관점이 부족하기 때문에 정상이라고 받아들여진다.

동물이 사람보다 지구를 더 잘 안다고 상상해보자. 어떻게 그렇지 않을 수가 있겠는가? 우리의 이해 수준을 훨씬 넘어서는 종간 의사소통 수준이 있을까? 모니카 가글리아노가 실험 마지막 날 산호초를 방문했을 때, 자리돔들은 그녀가 자신들의 목숨을 끝내려 왔다는 것을 알았다. 이는 일화이며, 뒷받침할 과학적 증거는 전혀 없다. 그러나 자리돔과 과학자인 모니카 사이에서는 의미를 지녔다. 과학은 비범한 진리로 이어지지만, 유일한 진리는 아니다. 대다수의 원주

• 사람들이 환경의 현재 상태를 정상으로 받아들이며, 역사적으로 변해 왔음을 인식하지 못하는 현상.

민 문화는 나무와 동물, 심지어 물 자체까지 살아있는 존재로, 자신이 속한 공동체의 일원으로 경험한다. 유럽에서 온 정착민들은 미신이라고 치부했다. 토착 문화는 현실이라고 여긴다.

1970년 사람들은 고속 모터보트와 정찰기를 써서 범고래 무리를 미국 워싱턴주 퓨짓사운드의 펜만으로 몰아넣었다. 그들은 과염소산염 물범 폭탄_{perchlorate seal bomb}•을 물에 던져서 200데시벨의 충격파로 고래들을 기절시켰다. 그런 뒤 새끼들을 어미에게서 떼어내 한 마리씩 그물로 건져냈다. 새끼들은 새된 소리로 비명을 질러댔다. 그들은 포획되거나 물 밖으로 꺼내지는 느낌을 결코 겪은 적이 없었다. 어미 한 마리와 새끼 세 마리가 죽었다. 고래를 잡던 이들은 죽음을 숨기기 위해 범고래들의 위장을 갈라 열고 돌을 채워 넣었다. 가라앉기를 바라면서다. 고래들은 가라앉지 않았다. 그것은 대가족 학살이었다. 범고래 무리는 집단이 아니라 가족이다.

룸미_{Lummi}족이 토키테_{Tokitae}라고 부르는 새끼는 마이애미 아쿠아리움에 2만 달러에 팔렸다. 길이 6미터의 이 범고래

• 물범 같은 해양 포유류를 어장에서 몰아내는 데 쓰는 폭탄.

제14장 잃어버린 야생

는 호텔 수영장만 한 수조에 53년 동안 갇혀있었다. 햇볕을 가릴 그늘 한 점 없는 곳에서였다. 부족민들, 미국 정부, 동물권 옹호 단체의 활동과 소송이 수십 년 동안 이어진 끝에, 토키테는 2023년에 풀려났다. 그러나 그 직후에 바다로 채 돌아가기도 전에 사망했다. 연안에 사는 룸미족에게 범고래는 신성한 존재이자 사촌, 자녀, 부모로 여겨진다. 그들은 슬픔에 잠겼다. 게다가 그들의 허락도 받지 않은 채 토키테는 화장되었다. 룸미족은 장례식을 열어서 화장한 재를 샐리시해에 뿌렸다. 범고래들이 와서 지켜보았다. 몇몇 룸미족은 토키테의 어미도 와있었다고 믿는다. 그 어미의 이름은 오션선인데, 나이가 거의 100살이다.[20]

생물 다양성이라는 말은 냉정한 용어다. 자연에 관한 상투적인 단어나 현란한 전문용어는 잔혹한 행위를 가린다. 반면에 솔직한 언어는 로빈 월 키머러, 랠프 월도 에머슨, 칼 사피나, 멀린 셀드레이크, 메리 올리버, 배리 로페즈, 린다 호건, 데이비드 제임스 던컨 같은 대가들의 손에서 강력하고 통렬하고 고양시키는 힘을 발휘할 수 있다. 야생이라는 단어는 다양한 반응을 불러일으킨다. 미치거나 통제 불능을 뜻한다고 여기는 이들도 있다. 그렇지 않다. 우리, 우리 각자는 고유하고 타고나고 진정하고 본능적이고 심원한 의미에서 야생적이다. 살아있는 세계와 맞서서 진을 치고 있는 압도적인 산업 세력들—송유관, 광산, 독극물, 약물, 농업, 저인망어선, 플라스틱, 제방—은 균일성, 획일성, 반복, 통제, 계층 구조, 권력, 폭력, 심지어 억압까지 선호한다. 그것은 야생이 아니다. 죽음이다.

야생은 절묘하다. 야생은 남들에게 혜택을 주는 생명이다. 야생은 결코 미친 것이 아니다. 미친 것은 석탄기 시대의 유산으로 지구에 이중 유리를 씌우고, 탄산으로 바다를 죽이고, 토양을 불모지로 만들고, 그런 뒤 우리의 어리석은 짓을 해결하겠다고 종자에 유전자 조작을 가하는 짓이다. 우리 고향 행성을 해체하는 짓은 생각과 감정에 몹시 장애가 생겨서 바깥 현실과 단절된 정신 질환이다. 야생은 정반대다. 우리의 생각, 감정, 행동이 살아있는 세계 및 서로와의 관계에 절묘할 만치 민감하게 반응할 때를 가리킨다. 야생은 우리가 춤추고, 쓰고, 노래하고, 시위를 하고, 운동을 하고, 산을 오르고, 물구나무를 서고, 삼행시를 짓는 이유다. 야생은 우리 발이 땅이라고, 우리 눈이 하늘이라고, 우리 심장이 수원지라고, 우리 호흡이 대기라고 느끼는 것이다. 우리는 주민이다. 집으로 돌아오자.

환경과 사회의 정의를 실현하려는 단체는 수만 곳에 달한다. 다양하고, 적응력 있고, 온정적이고, 강경한 지역 주민들로 이루어진 야생의 사회적 유기체다. 우리는 그들을 뱀장어 떼, 기러기 떼, 어치 떼, 제왕나비 떼를 마주쳤을 때처럼 바라본다. 생명의 왕국은 사람의 인지 내에서 스스로를 다시 드러내고 있다. 불안과 공황 상태가 대대로 이어지는 가운데, 출구가 하나 있다.[21] 현재 세계에서 존재하는 것 자체가 트라우마라는 점은 납득이 간다. 적절한 반응이다. 그 반응은 닫힘이나 열림으로 이어질 수 있다. 알렉사 퍼머니치Alexa Firmenich는 우리의 슬픔과 괴로움이 우리를 벌거벗은 자아로 돌아가게 하는 귀향이고, 그곳에서 우리는 세상이 진정으로 얼마나 아름다운지를 본다고 믿는다. 바요 아코몰라페는 한 졸업식 연설에서 이 관점을 뒤집었다.[22]

"우리는 우리 삶이 우리가 탐구할 수 있는 모든 질문을 담기에 시간적으로 충분하지 않다고 인정해야 합니다. 삶과 죽음이 시간의 문제만은 아니기 때문입니다. 실패에 귀를 기울이고, 균열을 덮으려 하지 말고, 그 안으로 깊이 들어가 보세요. 무슨 일을 하든 간에 세상을 더 나은 곳으로 만들려고 애쓰지 말아요. 대신에 세상이 당신을 더 나은 곳으로 만들려고 애쓰고 있을 수도 있다고 생각하세요."

제15장

인식의 전환

:

지구가 스스로를 구할 것이다

앉아서, 입 다물고, 귀 기울여 들으라.
너는 취했고, 우리는 지붕 끝에 있으니.

잘랄 알딘 무하마드 루미 Jalal al-Dīn Muḥammad Rumi

월트 휘트먼Walt Whitman의 시 「내 자신의 노래Song of Myself」 세 번째 행은 이렇다. "내게 속한 모든 원자는 당신에게도 속해 있으니." 이 행은 땅, 식물, 동물과 떼어낼 수 없는 유대를 맺고 있는 토착 문화 전통과 맥락을 같이한다. 새, 과일, 뱀, 나무, 나방, 풀, 표범 등 생명 전체가 그들 공동체의 구성원이다. 내가 으레 들어왔듯이, 공동체의 지식은 현재 진행되고 있는 전수 과정의 발현 형태다. 그 땅에 사는 이들로부터 나온 부모, 원로, 형제자매, 가족이 제공하는 공통의 인식이다. 그것은 하나의 경험, 연속성, 흐름이며, 가르침이 아니라 대대로 전해지면서 수정을 거치는 생태적 지혜다.

오늘날 문명은 거의 완전한 인식 부족을 반영한다. 주류 세계는 공동체를 상품으로 착각하고, 심지어 자기 자신을 착취한다. 인류와 살아있는 세계의 이 쩍 벌어진 단절을 묘사할 만한 단어를 나는 알지 못한다. 기후 운동은 진지한 사람들이 모여들면서 활기를 띠고 성장하고 있지만, 지구를 살아있는 존재로 보지 않는 한, 지렁이와 지의류와 여우원숭이와 하나이자 동일한 존재로 보지 않는 한 성공할 수 없다. 생명은 우리가 하는 모든 일의 중심에 놓여야 하며, 그렇지 않다면 우리는 여기에 더 오래 살아남지 못할 것이다. "내게 속한 모든 원자는 당신에게도 속해있으니."

예전에 방치된 구불구불한 흙길을 따라 케이프코드 인근 왐파노아그Wampanoag족의 조상 땅을 걸을 때였다. 한 모퉁이를 도는 데 7종류의 동물이 원을 그리며 모여서 서로 마주 보고 있는 광경이 눈에 들어왔다. 마치 어떤 회의를, 일종의 위원회를 열고 있는 양 보였다. 나는 그 순간 얼어붙었다. 그들도 그랬다. 돼지코뱀, 상자거북, 주머니쥐, 토끼, 흰발생쥐, 초원들쥐가 한 마리씩 있었고, 콜린메추라기가 두 마리 있었다. 잠시 뒤 뛰거나 기어서 갈 수 있는 녀석들은 개암나무와 바다귀리 사이로 사라졌다. 거북은 가죽질 꼬리로 두껍게 쌓인 먼지에 물결무늬를 남기면서 어기적거리며 떠났다. 나는 방금 본 광경을 믿을 수가 없었다. 나는 그들의 자취를 살펴보았다. 모두 거기에 있었다. 설명할 수 없는 일이었다. 그 일은 내 뇌리에 깊이 새겨졌다. 자연에서 시간을 보내는 사람은 논리적으로 설명이 안 되는 일을 경험하곤 한다. 자연 세계는 우리 주변의 의사소통에 만연한 혼란과 광기의 해독제이자, 진리의 성소다.

일곱 세대 이후를 위한 법

나는 식민지 대학살이 벌어지기 전 지구에 퍼져있던 무수한 문화들의 지혜와 관습과 전통을 설명할 자격을 갖춘 인물이 아니다. 세계에 널리 퍼진 유전자를 지니고 태어나 학교에서 전통적인 서구 신념을 학습한 유럽 얼간이일 뿐이다. 조상의 지혜 같은 것은 전혀 전수받지 못했다. 하지만 내 조부모는 스코틀랜드, 스웨덴, 콘월, 알사스 혈통으로 점잖은 분들이었고, 매우 실용주의적이었다. 주로 농사를 짓는 분들이었다. 나는 그분들에게 무엇이 효과가 있고 없는지를 구별하고, 실용주의적으로 행동하는 법을 배웠다. 그러면서 내가 알고 있는 내 조상들보다 훨씬 더 오래 그 땅에 거주한 문화에 경의를 표해야 한다는 것을 깨닫게 되었다. 차드 출신의 오다베Wodaabe족 목자 힌두 우마루 이브라힘Hindou Oumarou Ibrahim은 자신의 문화가 일곱 세대 앞을 내다보면서 계획을 세우냐는 질문을 받았다. '일곱 세대'라는 개념과 용어는 16세기 말 하우데노사우니 연합●의 위대한 법에서 나왔다. 그 자리에서 5개 부족이 모여서 정치, 의례, 사회적 토대를 서로 조화시키기로 합의했다. 오논다가, 오네이다, 카유가, 세네카, 모호크(카니엔케하카) 부족들의 씨족장 50명이 합의하여 어떤 결정을 내릴 때, 그들은 오논다가로 돌아가서 그 결정이 위대한 법에 들어맞는지 판단한다.

위대한 법은 어떤 행동이 일곱 세대 뒤 사람들의 안녕에 이로울지 해로울지를 판단한다. 그 행동이 자원을 줄이거나 자원에 위협이 될까, 아니면 자원을 보호하고 늘릴까? 원주민에게 한 세대가 70년을 가리킨다는 점을 명심하자. 실용주의는 매사를 현실적으로 대하는 것을 의미하며, 민족의 미래 안녕도 그렇다. 위대한 법보다 더 현실적인 규약은 있을 리가 없다.

이브라힘은 그렇다고, 즉 오다베족이 위대한 법의 원칙을 따른다고 대답하면서 한 가지 중요한 단서를 달았다. "우리

● 유럽인들이 들어오기 전 북아메리카에 살던 다섯 부족이 뭉친 토착 민족 연합.

는 일곱 세대 과거를 기억하기 때문에 그렇게 할 수 있습니다." 개인으로서가 아니라 과거와 영속적인 관계를 맺고 있는 사람으로서 한 말이었다. 어떻게 그렇게 먼 과거의 결정과 사건을 떠올리는 것일까? 그녀가 떠올리는 것이 아니다. 그녀의 공동체가 떠올린다. 전승, 가르침, 정보는 집단적으로 보존된다. 기억은 수백 년 동안 내려온 이야기, 노래, 미술에 담겨있다. 나바호족이 문자언어가 없이도 700가지 곤충을 정확히 기술한다는 점을 떠올리자. 대다수의 서양인은 기억하는 생태적 지혜가 설령 있다고 할지라도 미미했다. 살아있는 존재들과의 적절한 관계를 전수받지 못했다. 세계에서 가장 오래된 민주주의 체제인 하우데노사우니 연합을 제외하면, 서양에서 모든 생물의 미래를 통치 원리로 삼는 주요 제도 같은 것은 전무하다.

  우리 종 호모사피엔스는 처음에는 이렇게 않았기 때문에 지배종이 되었다. 우리는 연결망을 구축하고 집단적으로 문제를 해결했기 때문에 주류가 되었다. 사피엔스는 기민하거나 슬기롭다는 뜻이며, 분류학자 칼 린네 Carl Linnaeus가 붙인 수식어다. 지금의 우리 상황을 생각하면, 그 수식어가 타당하다고 믿기가 어렵다. 세계, 특히 미국은 우애, 관용, 상호이해의 급격한 쇠퇴를 보여왔다. 조너선 하이트 Jonathan Haidt

는 이렇게 썼다.

"우리는 같은 언어로 말할 수도, 같은 진리를 알아볼 수도 없는 혼란 상태에 있다. 우리는 서로서로 그리고 과거와 단절되어 있고 (…) 공동체를 이루었던 사람들은 뿔뿔이 흩어져 있다."

엉망진창인 사회를 다시 통합할 수 있을까? 하이트의 말은 예전에 공동체가 있었음을 전제로 한다. 식민주의 국가들은 500년 동안 존속한 공동체들을 박멸해왔다. 비버, 타이노족, 북대서양긴수염고래, 체로키족을 전혀 구별하지 않았다. 지난 행동들의 결과로 우리는 공동체 상실 증후군에 둘러싸여 있다. 경제 전쟁, 상비군, 끓어오르는 대양, 만연한 불안, 강력해지는 폭풍, 쇠약해지는 정신 건강, 맹위를 떨치는 열파가 그렇다. 싸구려 신념은 현실의 조롱 앞에서 무너진다.

나는 극심한 폭풍, 화재, 재난이 벌어지는 동안이나 그 직후에 기후 부정론자, 자원봉사자, 응급 구조대원이 정치적이거나 종교적 신념을 놓고 논쟁하는 장면을 본 적이 없다. 식량, 물, 보금자리, 온기, 친절, 공동체를 공유하려는 의지로 사람들은 하나가 된다. 우리의 사회적 생태와 환경적 생태는 떼어낼 수 없이 뒤얽혀 있다. 정치와 사회의 실패는 살아있는 세계 내에서 서로를 새롭게 다시 떠올려보라는 초청장이다.

브라운 채플이 보여준 존엄성

미국에서 원주민 공동체의 탁월한 사례는 흑인 교회다. 노예화로 뿔뿔이 흩어진 세상에서 출현한 독실한 문화, 리더십, 음악, 문학, 춤, 스포츠, 미술로 세계를 변화시킨 문화다. 1965년 나는 앨라배마 셀마에서 남부 기독교 지도자회의가 주도한 셀마-몽고메리 행진*을 준비하는 일을 했다. 당시 나는 19세의 백인 자원봉사자였고, 내 역할은 사실 미미했다. 그래도 그 일은 내게 결코 잊지 못할 기억으로 남았다. 나는 17세 때 1년 동안 유럽 전역을 여행한 적이 있었는데, 유럽의 12개국에서 접한 것들과 전혀 다른 문화를 바로 그 앨라배마에서 접했다. 1866년에 설립된 브라운 채플 아프리카 감리교 감독교회Brown Chapel African Methodist Episcopal Church는 그 행진에서 중추적인 역할을 했는데, 노예제, 인종차별주의, 폭력으로 박해받고 모욕당한 사람들의 선한 마음을 담은 일종의 성배로서, 한 세기 동안 이어진 공동체였다. 행진하는 날까지 밤낮으로 설교, 간증, 복음, 노래가 이어졌다.

그 교회에서는 모든 형태의 인종차별주의를 타파하겠다

---

* 흑인 참정권을 요구하며 벌인 행진으로, 미국 흑인 참정권 운동의 상징적인 사건.

는 굳건한 결심이 끓어넘쳤다. 그 확고한 의지는 4주 전 인근 카페에서 침례교 집사 지미 리 잭슨Jimmy Lee Jackson이 비무장 상태에서 앨라배마주 경찰관들에게 폭행당하고 살해된 일로 더욱 증폭되었다. 또 한 차례의 집단 폭행 사건이었다. 발코니 좌석에서 나는 신도들이 마틴 루터 킹 주니어, 제임스 베블, 앤드루 영 같은 목사들의 말에 매료되는 광경을 지켜보았다. 그들은 즉석에서 유창하게 감동적인 열변을 쏟아냈다. "우리는 원한을 품어서는 안 됩니다. 그리고 폭력으로 보복하겠다는 생각을 품어서도 안 됩니다. 우리는 백인 형제들을 향한 믿음을 버려서는 안 됩니다." 이 놀라운 말은 킹이 지미 리 잭슨의 추도사에서 한 내용이었다.

그 전까지 나는 흔들림 없는 믿음이라는 것을 한 번도 본 적이 없었다. 그런데 여기 아멘, 절, 할렐루야, 치켜들어 흔드는 손에는 바로 그것이 담겨있었다. 슬픔과 통한이 있었다. 기쁨과 용서가 있었다. 자비가 있었다. 굳은 의지가 있었다. 그리고 노래가 있었다. 아레사 프랭클린Aretha Franklin, 휘트니 휴스턴Whitney Houston, 제니퍼 허드슨Jennifer Hudson을 탄생시킨 것과 같은 교회 성가대가 있었다. 내가 본 적도 상상해본 적도 없는 공동체였다. 나는 그 교회에 있는 백인이었다. 그들은 내가 누구인지 몰랐지만, 친절하게 나를 환영했다. 내가 캘리포니아 오크데일의 성 마리아 가톨릭 성당에서 복사로 참석하곤 했던 장례미사 때와는 전혀 달랐다. 브라운 채플의 신도들은 조롱받고 모욕받고 멸시받은 이들이었다. 나는 그 교회에 있던 남성 대다수가 아내와 아이들 앞에서 셀마의 백인 남성들에게 학대와 굴욕을 당한 적이 있었을 것이라고 믿는다. 잘못한 일이 없음에도 오로지 피부가 검다는 이유로 참혹한 모습으로 병원에 실려간 아들을 봐야 했던 어머니들도 있었다. 하지만 나는 그곳에서 원망, 복수심, 자기 연민에 빠진 표정을 한 번도 본 적이 없었다. 내가 본 것은 존엄성이었다.

내가 브라운 채플을 떠올린 것은 그곳이 이런 질문들을 하기 때문이다. 생명의 천이 찢겨 나갈 때 인간으로 존재한다는 것이 어떤 의미일까? 우리는 누구이고, 무엇을 할 수 있을까? 우리는 무엇을 하려 할까? 다른 누군가가 무언가를 하기를 바랄까? 나는 우리가 직면한 지구적·사회적 위험들을 대다수가 이해하지 못하고 있다고 본다. 설령 안다고 해도, 그 원인을 이해하지 못할 수도 있다. 커져가는 혼란 속에서 공감하고 효과적이고 탁월한 행동 공동체가 출현할 수 있을까? 아인슈타인은 유명한 말을 남겼다.

"인류의 가장 본질적인 질문은 우주가 우리에게 호의적

이냐 아니냐."

우리는 삶이라는 허약하면서 덧없는 선물을 어디에 두어야 할까? 진리를 말하는 사람들, 사회 및 다른 생물들과 진실한 관계를 맺는 사람들, 총, 수표, 기업과 정부의 방침으로부터 나오는 끊임없는 노골적인 모욕에 기꺼이 맞설 사람들 곁이다. 세계의 현 상황에 슬픔을 느끼지 못하는 사람들은 사랑을 잃은 자다. 슬픔은 사랑의 한 척도이기 때문이다. 시인인 메리 올리버는 사랑 없는 삶이 존재할 수 있다고 인정하면서도 이렇게 말한다.

"그것은 구부러진 동전이나 해진 신발만큼의 가치도 없다. 죽은 지 9일 동안 묻히지 않은 채 방치된 개 사체보다도 가치가 없다."

대다수가 도시에 살아서 주변 자연 세계를 경험하지 못한다면, 살아있는 세계의 진실을 어떻게 공유할 수 있을까? 의사와 치료사처럼, 우리에게 부족한 지식과 이해를 얻기 위해 평생을 바쳐온 이들이 있다. 사람들이 으레 짐작하는 것보다 더 많다. 그들은 자연사학자, 과학자, 라틴아메리카인, 탐조가, 농민이다. 아프리카계 미국인, 전 세계의 원주민도 그렇다. 그들은 공유하고 가르치기를 원한다. 사람들만 그런 것이 아니다. 살아있는 세계로 눈을 돌린다면, 그 세계도 당신을 향해 돌아설 것이다.

  호혜성에 토대를 둔 문화에 속한 지혜의 수호자들이 우리 주변에 있다. 호혜성이 만연할 때, 모두가 혜택을 본다. 호혜성이 없을 때, 불의가 판을 친다. 적으로 취급받았고, 숱한 만행과 잔혹함을 견뎌야 했고, 5만 년 넘게 계속 살아온 땅으로부터 쫓겨났던 수천 곳의 원주민 공동체들은 현재 존중받고 회복시키는 지혜의 선도자로서 정당한 자리를 되찾고 있다. 식민주의자들과 정착민들에게 수 세기 동안 지독한 억압을 받아온 이들과 대화를 나누다 보면 많은 교훈을 얻게 된다. 원주민 문화는 대규모로 절멸되었다. 땅도 빼앗겼고, 자녀들도 빼앗겼고, 언어도 금지되었다. 보츠와나에서는 1963년까지 산족을 죽일 사냥 면허를 살 수 있었다. 그러나 그들은 살아남았다. 일상 활동에 깊이 배어있는 호혜성 덕분이었다. 의례, 자기 성찰, 영양, 유머, 정직, 공정성, 근면, 노인 존중, 자녀 사랑이 거기에 포함되어 있었다. 산족은 선조들이 취한 행동 덕분에 견뎌냈다. 공통의 가치에 토대를 둔 앎의 방식이 체화해 있기에 여기 있다. 원주민 생태 지식은 연례 세계경제포럼이나 유엔의 토의보다도 훨씬 더 의미가 있다. 한마디로, 우리에게 필요한 교사는 다보스나 뉴욕이 아니라 바로 여기 있다.[1]

신이 아닌 산파의 길

미래를 걱정하게 만들고 좌절을 불러일으키는 정보가 잇달아 쏟아지고 있다. 인류는 살아있는 세계 전체에 엄청난 피해를 입혀왔다. 오논다가족의 추장 오렌 라이언스는 지구가 생물학적으로 퇴화하고 인류의 목적이 사라지는 때가 언제인지를 내다보는 예언을 이렇게 설명했다. 먼저 징후가 두 가지 나타날 것이라고 했다. 첫 번째로, 바람이 유례없이 세차게 불면서 울부짖을 것이다. 지구의 덮개가 인간 활동으로 찢기고 파괴될 것이다. 두 번째 징후는 아이들에게 나타난다. 아이들이 버려지고 무시될 것이다. 이를 더 이상 예언이라고 할 수 없지 않을까?

우리 대다수는 일상을 살아가는 데 바빠서 그런 징후들을 한 귀로 흘려 듣는다. 시인 다이앤 애커먼Diane Ackerman은 이렇게 썼다.

"의식이라는, 물질의 위대한 시는 너무나 있을 법하지 않고, 불가능해 보이지만, 그럼에도 우리는 여기 외로움과 크나큰 꿈을 안고 존재한다."

사람들은 무언가 엄청난 일이 벌어지고 있다고 직감한다. 배리 로페즈는 이렇게 썼다.

"우리는 모호하지만 뭔가 놀라운 일이 일어나려 하고 있다고 느낀다. 어떤 크나큰 일이 일어난다는 낌새를 느낀다. (…) 이곳을 진정한 집으로 만들고자 한다면, 엄청난 조정이 필요하다는 것을 안다. 우리는 서로를 바라보면서 그것이 가능하다고 느껴야 한다."

로페즈는 이렇게 조언했다.

"미래에 어떤 일이 일어날지 걱정된다면, 자신이 존경하는, 두려움에 휘둘리지 않는 사람을 찾아라."[2]

압도된 기분이 든다면, 소저너 트루스Sojourner Truth나 시저 차베즈Cesar Chavez의 전기를 읽자. 친절하고 존중하고 예의 바르게 행동해 보았자 아무 소용이 없다고 생각한다면, 제인 구달Jane Goodall과 로빈 월 키머러의 이야기를 들어보라. 자신이 무력하게 느껴진다면, 아이를 지도하고, 다친 동물을 치료하고, 굶주린 이들에게 음식을 제공하기를. 희망을 쫓아다니는 일에 지쳤다면, 치페와Chipewa족 터틀마운틴지부에 속한 멜리사 넬슨Melissa Nelson이 쓰고 편집한 『최초의 가르침Original Instructions』을 읽어보라. 마음이 자신 안에 틀어박히는 것을 막으려면, 밖으로 나가자. 디지털로 접하는 인식을 직접 경험으로 대체하자.[3] 세상 만물을 접하라. 화단, 훼손된 땅, 서식지, 뒷마당, 인간 관계를 복구하고 되살려라.[4] 기업의 무지와 정치적 부패라는 바스티유를 공격하는 한편으로, 꽃가루 매개자와 새에게 먹이와 안식처를 제공하는 토종 식물을 자기 환경에 들여놓자. 그들의 이름과 이야기를 배우자.

웬들 베리는 모든 사실을 알고 있더라도 기쁨을 느끼라고 조언한다. 인류가 무지와 공격성, 탐욕으로 초래한 빠져나갈 길 없는 종말처럼 보이는 것에 직면해 있다고 해도, 우리는 인류 역사상 가장 찬란한 시기를 살고 있기도 하다. 혼란은 재생을 빚어낸다. 붕괴로부터 경이로운 돌파구가 생겨난다. 인류를 다시 소생시킬 새로운 세계관과 행동 방식이다. 무수한 위기의 핵심에 놓여있는 그 선물은 새로 찾은 목적의식이다. 모든 사람은 의미 있는 삶을 갈망한다. 세계를 재생시키는 일은 가능성을 향한 여행이다. 전망을 여는 것이다. 전 세계에서 지금 출현하고 있는 다양한 목소리들, 사회적 생물들, 실체들은 미래를 시연하고 있다. 이 문장을 쓰는 지금, 호랑나비 한 마리가 창문을 통해 날아와 키보드 위에서 부드럽게 공기를 부채질하다가 다시 날아갔다.

변화와 경이, 의심과 두려움은 함께 나아간다. 지금은 이름 없는 시대다. 예견된 바이지만, 예언의 공통된 운명은 무시되는 것이다. 바다와 땅, 사람들을 황폐하게 하는 거대한 제도들은 지속될 수 없다. 지구 생명을 구하겠다고 기업이 하향식으로 내놓은 해결책들은 좋은 의도에서 나왔다고 해도 실패할 것이다. 자연은 하향식이 아니기 때문이다.

시작은 가까이 놓인 하나의 문턱이며, 끝도 그렇다. 의미 있는 변화는 어김없이 한 사람, 하나의 착상, 하나의 열망, 하나의 대담한 꿈에서 시작된다. 유일무이하다는 것은 자신의 타고난 권리이며, 공동체의 씨앗이다. 그것을 심고서 어떤 일이 일어나는지 지켜보라. 비관주의와 우울함은 거미줄과 같다. 떨어내라. 우리는 어머니 지구와의 화해를 추구한다. 동물학자 스테판 하딩Stephan Harding이 "존재하는 모든 것을 꾸준히 탄생시키고, 존재하는 모든 것을 지탱하는 드넓고 신비로운 원초적 지성"이라고 부른 것과의 화해다.[5] 우리는 이 생명의 망토 덕분에 먹고, 마시고, 사랑하고, 호흡한다. 그것을 소중히 할 것인가, 아니면 잃을 것인가? 조심하면서 동시에 용감할 수는 없다. 우리는 선택을 해야 한다. 자신 앞에 있는 것에 초점을 맞추라. 스스로에게 실패를 허용하라. 실수, 유머와 웃음을 즐길 여유를 두자. 창조가 "텅 빈 극장에서 공연하지" 않도록, 자신이 노래하고 춤출 수 있는 회복 운동에 동참하자.[6]

믿음이 우리의 행동을 바꾸는 것이 아니다. 행동이 우리의 믿음을 바꾼다. 복잡한 현실은 단순한 행위에서 시작된다. 매혹, 겸손, 존중, 상상, 끊임없는 감사야말로 살아있는 세계로 향한 더 넓은 구멍을 제공한다. 모니카 가글리아노는 우리가 신 역할을 그만두고, 대신 산파 역할을 하자고 제안한다. 우리는 지구를 구할 수 없다. 지구가 스스로를 구할 것이다. 본래 재생 능력을 지니고 있기 때문이다. 우리는 눈앞에 있는 세상을 존중하라는 요청을 받고 있다. 살아있는 세계는 우리의 가장 좋은 친구다.

자신이 어디에 있든 간에, 거기가 자신이 가장 효과를 발휘할 수 있는 곳이다. 행동할 수 있는 힘은 다른 곳에 있지 않다. 인간의 기본적인 권리와 욕구는 반드시 충족되어야 한다. 지구의 모든 존재는 첫 번째 고려 대상이다. 두 번째는 없다. 그 화려함과 우아함으로 우리를 끊임없이 놀라게 하는 야생과 풍부한 생명을 되살리고, 존중하고, 부양하자. 지구의 생명을 회복하려는 운동은 수선 작업이 아니다. 우리의 삶이 지구상의 모든 존재와 함께한다는 본능적인 깨달음, 전혀 새로운 자아 경험, 변혁이다. 우리의 의도와 보상은 동일하다. 모든 존재와 떼어낼 수 없이 연결되어 있음을 경험하고 표현하는 것. 그것이 우리가 나아갈 유일한 길이다.

[감사의 말]

  책을 내는 일은 모으고, 듣고, 묻고, 읽고, 관찰하는 과정이다. 그러다 보면 핵이 형성되고, 아마 잠정적인 제목도 지어지고, 씨앗이 될 개념도 갖추어지고, 이어서 상호 연결된 흐름을 갖춘 구조도 서서히 드러난다. 책의 뼈대도 끼워 맞추어질 수 있지만, 성공 여부는 결코 확실하지 않다. 책은 1년, 아니 10년이 걸릴 수도 있다. 내 책들은 호기심, 발견하려는 욕망에서 시작한다. 전문성이나 어떤 방대한 사전 지식의 산물이 아니다. 탄소는 내가 아는 것에 관한 책이 아니다. 나는 알려진 것에 관한 책이 되기를 바란다. 그러려면 관계가 핵심적인 역할을 한다. 이 감사의 말은 내 삶을 풍성하게 해주고 내 마음을 살찌운 작가, 친구, 몽상가, 시인, 교사,

학자분들께 드리는 감사의 표시다.

먼저 평생토록 내 저작권 대리인으로 일한 조 스필러를 언급하지 않을 수 없다. 믿음직하고 인내심 많고 현명한 사람으로서, 결코 원고를 재촉한 적이 없다. 그리고 익살스럽게 해박한 편집자로서 내가 결국 의지를 발휘할 것임을 결코 의심한 적이 없는 릭 코트에게도 고맙다는 말을 전한다. 『탄소라는 세계』는 10여 년 전에 릭과 처음 집필 계약을 맺었다. 그런데 내가 『플랜 드로다운』과 『한 세대 안에 기후 위기 끝내기』를 쓰느라 지체되었다. 그 10년 동안 조와 릭은 잠자코 기다렸다. 그들의 신뢰에 부응할 수 있게 되어 기쁘다. 두 분은 학식과 친절의 성역이다. 또 릭 코트가 퇴직하자 너무나도 매끄럽게 편집 업무를 넘겨받은 앨리슨 로렌첸과 바이킹의 직원들께도 깊은 감사를 드린다. 그들의 실력과 이 책에 대한 신뢰를 모든 면에서 느낄 수 있었다.

또 우리 가족인 팰로 호컨, 아나스타샤 호컨, 그리고 특히 직접 도움을 준 사랑하는 아내 재스민, 딸 아이오나, 아들 조너선에게도 고마움을 전한다. 식구들로부터 언제나 흔들림 없는 지원을 받아왔으니 행운이 아닐 수 없다. 내 자신은 내 글이 과연 가치가 있는지 회의감과 의문이 들 때가 종종 있다. 식구들은 결코 그런 적이 없다. 또 내게 영감과 자극을 준 비범한 친구들이 있다. 데이비드 제임스 던컨은 내가 그의 말을 듣거나 그의 책을 읽을 때마다 내게 글 쓰는 법을 가르쳐준다. 알 가치가 있는 것에 초점을 맞추는 법을 그로부터 배웠다. '지식'의 이면에서 그는 시인인 크와자 미르 다르드Khwaja Mir Dard의 말마따나 우리 곁에 천사가 결코 부족하지 않다는 점을 결코 잊지 말라고 내게 상기시킨다.

배리 로페즈가 미친 영향은 아무리 강조해도 지나치지 않으며, 자연 세계를 복원하고 존중하는 일을 하는 많은 이들에게 그가 얼마나 그립고 소중한 존재인지를 여기서 표현하고 싶다. 시간이 갈수록 그의 중요성은 계속 커져갈 것이다. 또 치페와 터틀족 멜리사 넬슨을 이웃으로 두어서 영광이다. 원주민들의 창발적인 생명력과 지혜가 스며 나오는 지혜로운 조언에 감사한다. 또 지구의 딜레마들을 경쾌하게 뚫고 나가는 팟캐스트를 운영하는 내 절친한 친구 앤서니 제임스도 있다. 골치 아픈 우리 문명의 바깥과 내면 경관을 매우 설득력 있게 통합하는 알렉사 퍼머니치도 내 의욕을 북돋아준다. 깊은 지식, 온정적인 결단력, 순수한 매력으로 지치지 않고 수백만 명을 행동으로 이끄는 내 스페인 형제인 하비에르 페나에게도 경탄한다. 그리고 북인도에서 에너지, 물, 농업의 생태를 혁신하고 있는 놀랍도록 인상적인 활동가 차야 반티에게 한없는 존경을 표한다.

  재생 분야에서 내가 아는 한 가장 두드러진 사람은 오스트레일리아의 데이먼 가뮤다. 뛰어나면서 열정적인 영화 제작자인 그는 스토리텔링을 통해 공동체, 지식, 행동을 구축하는 비범한 능력을 지니고 있다. 또 나는 평생의 친구인 밴 존스에게 수십 년 동안 영향을 받아왔으며, 그의 지혜는 폭과 깊이가 결코 멈추는 법이 없이 계속 증가하고 있다. 재생 운동 분야에서 가장 인기 있는 가수 AY 영은 나를 흥겹게 고양시킨다. 그는 공연 때마다 관중에게 상상할 수 있는 것보다 더 많은 것을 안겨준다. 또 남들의 복지를 위해 평생을 바쳐온, 많은 사랑을 받는 현명한 지구의 원로 제인 구달도 언급하지 않을 수 없다. 그녀는 모든 인류의 나침반이 가리키는 언덕 위의 횃불이다. 바요 아코몰라페의 무한한 상상력을 지닌 정신은 내 생각의 폭이 얼마나 좁은지를 드러내고, 내 생각을 더 활짝 열어젖히고, 내 생각에 활기를 불어넣고, 놀라움을 안겨준다. 그는 영어 자체까지 포함해서 현대성의 모든 측면과 개념을 변형함으로써 사람들을 깜짝 놀래고 멍하게 만든다.

  이 여행을 하는 동안 좋을 때나 나쁠 때나 늘 내 곁을 지켜준 사람이 두 분 있다. 줄리아 잭슨은 몇 년 전 내가 강연을 마치고 대기실에 있을 때, 노랗게 밑줄을 잔뜩 긋고 귀퉁이를 접고 제본이 너덜너덜해진 내 책을 들고 찾아왔다. 그 뒤로 그녀는 내 일을 한결같이 지원하는 후원자가 되었다. 또 그녀는 다른 문화에서 샤먼이라 부를 수도 있는 존재로 변모했다. 세계가 직면한 지구적·사회적 고통을 포용하고 치유하는, 차분하고 조용한 비이원성의 스승이다. 그리고 케이티 그레이는 우리가 갈망하는 사랑이 우리 마음에 풍부하게 존재한다는 사실을 남들이 재발견하도록 돕는 일에 평생을 바쳐왔다. 많은 이들이 사회 및 자연 세계와 극심한 단절을 느끼는 이 시대에, 그녀는 우리에게 자기 자신으로 돌아갈 방법을 가르쳐준다.

내가 직접 만나지는 못했지만, 심오한 지성과 깊이로 내 신경 회로를 자극한 저자들도 있다. 멀린 셸드레이크, 안드리 스나이르 마그나손 Andri Snær Magnason, 멜라니 챌린저, 아미타브 고시 Amitav Ghosh, 모니카 가글리아노, 로빈 월 키머러, 피터 매코이, 다라 매커널티 Dara McAnulty, 카밀라 팡 Camilla Pang, 에드 용, 에릭 로스턴, 칼 짐머, 캐런 베이커, 프레드 프로벤자, 조이 슐랭거, 스테파노 만쿠소, 스티븐 부크먼 Stephen Buchmann. 앞서 언급한 마이클 폴란과 데이비드 몽고메리 David Montgomery도 있다.

넵에 초대해준 이저벨라 트리와 찰리 버렐에게도 깊은 감사를 드린다. 그들의 재야생화 연구는 장엄하다는 말에 딱 들어맞는다. 훗날 이들의 탁월하면서 겸손한 발견은 앨프레드 러셀 월리스Alfred Russel Wallace와 제인 구달의 발견에 맞먹는 대우를 받을 것이 분명하다. 또 환경과 인류의 안녕을 위해 우정과 흔들림 없는 헌신을 보여준 스웨덴 빅토리아 왕세녀께 경의를 표한다. 이 책의 표지 이미지는 칠레의 비범한 사진작가이자 친구인 크리스 조던Chris Jordan에게 받은 선물이다. 내 하드드라이브에는 그의 사진이 수백 장 있는데, 모두 책에 싣거나 표지로 실을 만하다. 모든 사진이 독보적이며, 깊이 감사한다. 또 균류 세계의 마법사인 토비 키어스는 이 책의 한 장章에 영감을 주었다. 그녀의 활력과 즐거움을 접하면 누구든 영원히 균류 애호가가 될 것이다.

또 이 책을 쓰는 내내 한결같이 지지를 보내준 많은 친구들이 있다. 헤일리 멜린, 에일린 게티, 태드 뷰캐넌, 량빙 후, 알렉스 라우, 에릭 스나이더, 조시 펠서, 리슬 코플랜드, 애덤 파, 롭 캐머런, 피터 코요테, 빌 매글래선, 자나 브리스키, 알렉 웹, 마이클 스터서, 신시아 하디, 존 하디, 브랜디 알레산드라, 마틴 괴벨, 다미엔 사벨라, 퍼 에스펀 스토크니스, 메건 캠프, 저스틴 윈터스, 미셸 베스트, 집 엘리슨, 엘선 하스, 세실리 마크, 프레데리코 메넬라, 찰스 매시, 릴리안 리즌펠트, 데이브 채프먼, 마크 하이먼, 재닛 멈포드, 소렌 고드해머, 캐서린 마셜, 레이첼 베스티가드, 마이사 아리아스를 비롯한 많은 분들이다. 빠진 분들께 용서를 구한다.

인간의 욕망이 끝이 없기 때문에 개인적, 사회적, 지구적 난제들이 생겨나지만, 인간의 연민, 친절, 이타심도 무한하다는 점을 끊임없이 내게 상기시켜준 잭 콘필드, 타라 브랙, 존 카밧진께도 감사의 인사를 드린다.

또 작년에 갑작스럽게 세상을 떠날 때까지 도움과 현명한 조언과 우아함으로 수십 년 동안 나를 북돋아준 로즈 잰더에게 감사한 마음을 영원히 잊지 않을 것이다. 그녀는 내 마음속에 영원히 남아있을 것이다.

[**옮긴이의 말**]

  이제는 기후온난화의 영향을 실감하면서 지내는 날이 매일 같이 이어지는 듯하다. 기후변화를 다룬 책들을 옮기다 보면, 어느 해에 어디서 기온이나 태풍이나 홍수, 피해가 최고 기록을 찍었다는 내용이 으레 나오기 마련이다. 예전 같으면 그런 기록이 몇 년이 지나도 변하지 않을 때가 많았다. 지금은 거의 해마다 바뀐다. 번역서가 출간되는 해에 맞추어서 수정해야 할 때도 많다.

  이런 상황에서 사람들은 다양한 대책과 해법을 제시한다. 현실을 아예 무시하고 석탄 같은 화석 연료를 계속 태우자는 이상한 이들도 있긴 하지만, 이제 우리 인류가 살아가기 힘들어질 만치 지구가 뜨거워지고 있다는 데에는 대다수가

공감할 것이다. 그런데 지금까지 나온 온갖 대책들이 과연 효과가 있었을까? 현 상황을 보면 그렇지 않은 듯하다. 너무나 미흡했고, 너무나 안일했음을 기후는 잘 보여준다.

이 책의 저자는 이 문제를 더욱 근본적인 관점에서 바라본다. 무엇보다도 저자는 지구에 살아가는 종이 줄어드는 것을 생물 다양성 감소라는 객관적인 시각에서 바라보는 태도나, 지구가 계속 뜨거워지는 현상을 기후위기라는 말로 객관화하려는 관점 자체에 문제가 있다고 본다. 우리의 생활 방식, 우리의 삶 자체가 문제인데, 마치 그것과 별개인 양 바라보는 관점을 널리 퍼뜨리는 데 기여해왔다는 것이다.

저자는 우주의 탄생, 탄소 같은 원소의 생성 비율, 지구의 역사, 생명의 탄생과 진화, 물과 공기와 탄소의 순환, 생명과 원주민 문화의 다양성, 인류의 삶의 방식이 모두 하나로 연결되어 있음을 자각하는 것이 중요하다고 강조한다. 이 모든 것이 탄소의 흐름을 통해 하나로 연결되어 있고, 우리가 그 흐름에 제멋대로 개입한 것이 모든 문제의 근원이라고 본다. 그래서 지구 기후위기 문제를 해결하려면, 이 탄소의 흐름, 즉 이 지구의 모든 것을 빚어낸 '탄소의 춤'을 이해하고 받아들이는 데에서 출발해야 한다고 역설한다.

읽고 있자면, 어떤 현자의 말을 듣고 있는 듯하다. 저자는 과학에도 해박할 뿐 아니라, 세계 각지의 원주민 문화 전통도 깊이 이해하고 있다. 언뜻 생각하면 전혀 조화를 이룰 리 없어 보이는 양쪽 극단 같지만, 저자는 그렇지 않다는 것을 차근차근 보여준다. 때로는 과학적 식견이 돋보이는 어조로, 또 때로는 시적인 어조로 저자는 이 모든 것을 하나로 엮으면서 지구의 모든 것이 하나로 엮여있음을 되새기게 한다.

2025년 8월

이한음

[주]

1장. 생명의 춤

1. Báyò Akómoláfé, "Welcome, Traveller: Foreword," Báyò Akómoláfé, bayoakomolafe.net.
2. Báyò Akómoláfé and Indy Johar, "The Edges in the Middle, III: Akómoláfé, Báyò and Johar Indy," in *For the Wild*, May 24, 2023, produced by For the Wild, podcast, MP3 audio, 58:51, forthewild.world/listen/the-edges-in-the-middle-bayo-and-indy.
3. Camilla Pang, *Explaining Humans: What Science Can Teach Us about Life, Love and Relationships* (London: Penguin Books, 2021).
4. Ralph Chami et al., "Nature's Solution to Climate Change," *Finance & Development* 56, no. 4 (December 2019): 34–38, imf.org/external/pubs/ft/fandd/2019/12/pdf/natures-solution-to-climate-change-chami.pdf.
5. "Destroying the Earth to pay dividends" is a rewording of a phrase from Gabor Maté's talks.
6. Robin Wall Kimmerer, "The Turtle Mothers Have Come Ashore to Ask about an Unpaid Debt," *The New York Times*, September 22, 2023, nytimes.com/2023/09/22/opinion/climate-change-turtles-refugees.html.
7. Akómoláfé and Johar, "The Edges in the Middle, III."
8. The world economy: Eric Roston, "Corporate Net-Zero Goals Don't Add Up to a Net-Zero Planet," *Bloomberg*, June 27, 2022, bloomberg.com/news/articles/2022-06-27/companies-net-zero-emissions-goals-don-t-add-up.

9. Melanie Challenger, *How to Be Animal: A New History of What It Means to Be Human* (New York: Penguin Books, 2021), 211.
10. "Doing the Impossible," in *The RegenNarration*, episode 175, August 1, 2023, produced by The RegenNarration, podcast, MP3 audio, 1:22:44, regennarration.com/episodes/175-judith-schwartz.
11. Challenger, *How to Be Animal*, 2.
12. Julia Janicki et al., "The Collapse of Insects," *Reuters*, December 6, 2022, reuters.com/graphics/GLOBAL-ENVIRONMENT/INSECT-APOCALYPSE/egpbykdxjvq. "Carbon tunnel vision" was coined by Jan Konietzko in "Moving Beyond Carbon Tunnel Vision with a Sustainability Data Strategy," Cognizant, February 8, 2022, digitally.cognizant.com/content/digitally-cognizant/us/en/blogs/moving-beyond-carbon-tunnel-vision-with_a_sustainability-data-strategy-codex7121.html.
13. Eric Roston, *The Carbon Age: How Life's Core Element Has Become Civilization's Greatest Threat* (New York: Walker, 2008). 이 책이 출간된 지는 오래됐지만, 탄소는 결코 시대에 뒤처지지 않는다. 이 주제에 관해 세계적인 저널리스트가 쓴 최고의 책이라는 점은 의심의 여지가 없다. 책에는 "Dancers and the Dance: The Origins of Life."이라는 제목의 장도 포함되어 있다.
14. Ian A. Hatton et al., "The Human Cell Count and Size Distribution," *Proceedings of the National Academy of Sciences* 120, no. 39 (September 18, 2023): e2303077120, doi.org/10.1073/pnas.2303077120.
15. Monica Gagliano, *Thus Spoke the Plant: A Remarkable Journey of Groundbreaking Scientific Discoveries & Personal Encounters with Plants* (Berkeley, CA: North Atlantic Books, 2018), 87; Ray Archuleta, "Plant and Soil Are One," presented at Natural Resources Conservation Service Training, Ames, Iowa, Spring 2014, video, 1:30:16, youtube.com/watch?v=FQEKlm4DOdw.
16. Báyò Akómoláfé, "Welcome, Traveller."

2장. 탄소는 흐른다

1. Eric Roston, *The Carbon Age: How Life's Core Element Has Become Civilization's Greatest Threat* (New York: Walker, 2008), 28.
2. When we digest: *Annie Dillard, An American Childhood* (London: Canongate, 2016), 28. "Skin was earth; it was soil. I could see, even on my own skin, the

joined trapezoids of dust specks God had wetted and stuck with his spit the morning he made Adam from dirt."
3. Matthew J. Shribman, "The Biggest Communication Failure in History," *Matthew Shribman* (CliMatt), September 29, 2023, matthewshribman.substack.com/p/the-biggest-communication-failure.
4. Clive Thompson, "How 19th Century Scientists Predicted Global Warming," *JSTOR Daily*, December 17, 2019, daily.jstor.org/how-19th-century-scientists-predicted-global-warming.
5. Roston, *The Carbon Age*, 26.
6. Caroline Hickman et al., "Climate Anxiety in Children and Young People and Their Beliefs about Government Responses to Climate Change: A Global Survey," *The Lancet Planetary Health* 5, no. 12 (December 2021): e863–e873, doi.org/10.1016/S2542-5196(21)00278-3.
7. Hannah Ritchie, "Stop Telling Kids They'll Die from Climate Change," *Wired*, November 1, 2021, wired.com/story/stop-telling-kids-theyll-die-from-climate-change.
8. Shribman, "The Biggest Communication Failure in History."
9. "Migration in the Ocean Twilight Zone," Woods Hole Oceanographic Institution, twilightzone.whoi.edu/explore-the-otz/migration.
10. Allen Collins, "What Is Vertical Migration of Zoo-plankton and Why Does It Matter?," National Oceanic and Atmospheric Administration, October 27, 2021, oceanexplorer.noaa.gov/facts/vertical-migration.html.
11. Shribman, "The Biggest Communication Failure in History."

3장. 탄소의 탄생

1. Robert M. Hazen, *Symphony in C: Carbon and the Evolution of (Almost) Everything* (New York: HarperCollins, 2019), 19.
2. Melanie Challenger, *How to Be Animal: A New History of What It Means to Be Human* (New York: Penguin Books, 2021), 200.
3. Daniel Clery, "Earliest Galaxies Found by JWST Confound Theory," *Science* 379, no. 6639 (2023): 1280–81, doi:10.1126/science.adi0089.
4. Natalie Wolchover, "A Primordial Nucleus behind the Elements of Life," *Quanta Magazine*, December 4, 2012, quantamagazine.org/the-physics-behind-the-

elements-of-life-20121204.
5. Wolchover, "A Primordial Nucleus behind the Elements of Life."
6. "Scientists Catalogue Earth's Total Carbon Store," BBC, October 1, 2019, bbc.com/news/av/science-environment-49899042.
7. Fred Hoyle, *The Nature of the Universe* (New York: Harper & Brothers, 1950); Eric Roston, *The Carbon Age: How Life's Core Element Has Become Civilization's Greatest Threat* (New York: Walker, 2008), 6; Wolchover, "A Primordial Nucleus behind the Elements of Life."
8. Stephen C. Meyer, *Return of the God Hypothesis: Three Scientific Discoveries That Reveal the Mind Behind the Universe* (New York: HarperCollins, 2021), 204, Kindle.

4장. 생명이란 무엇인가

1. Merlin Sheldrake, *Entangled Life: How Fungi Make Our Worlds, Change Our Minds & Shape Our Futures* (New York: Random House, 2020), 210.
2. Laura Poppick, "Let Us Now Praise the Invention of the Microscope," *Smithsonian*, March 30, 2017, smithsonianmag.com/science-nature/what-we-owe-to-the-invention-microscope-180962725.
3. Karen Bakker, *The Sounds of Life: How Digital Technology Is Bringing Us Closer to the Worlds of Animals and Plants* (Princeton, NJ: Princeton University Press, 2022), 376, Kindle.
4. Carl Zimmer, *Life's Edge: The Search for What It Means to Be Alive* (New York: Dutton, 2021).
5. Melanie Challenger, *How to Be Animal: A New History of What It Means to Be Human* (New York: Penguin Books, 2021), 217.
6. Erik Washam, "Cosmic Errors: Martians Build Canals," *Smithsonian*, December 2010, archive.today/20120912195828/http:/www.smithsonianmag.com/science-nature/Cosmic-Errors.html.
7. David W. Dunlap, "Life on Mars? You Read It Here First," *The New York Times*, October 1, 2015, nytimes.com/2015/09/30/insider/life-on-mars-you-read-it-here-first.html.
8. Kat Eschner, "The Bizarre Beliefs of Astron\omer Percival Lowell," *Smithsonian*, March 13, 2017, smithsonianmag.com/smart-news/bizarre-beliefs-

astronomer-percival-lowell-180962432.

9. Eric Roston, *The Carbon Age: How Life's Core Element Has Become Civilization's Greatest Threat* (New York: Walker, 2008), 28.
10. Avalon C. S. Owens and Sara M. Lewis, "Artificial Light Impacts the Mate Success of Female Fireflies," *Royal Society Open Science* 9, no. 8 (August 2022): 220468, http://doi.org/10.1098/rsos.220468.
11. Annika K. Jägerbrand and Kamiel Spoelstra, "Effects of Anthropogenic Light on Species and Ecosystems," *Science* 380, no. 6650 (June 15, 2023): 1125–30, doi:10.1126/science.adg3173.
12. Johan Eklöf, *The Darkness Manifesto: On Light Pollution, Night Ecology, and the Ancient Rhythms That Sustain Life* (New York: Scribner, 2024), 24, Kindle.
13. Ed Yong, *An Immense World: How Animal Senses Reveal the Hidden Realms around Us* (New York: Random House, 2022), 340, Kindle.
14. Annie Novak, "The 9/11 Tribute in Light Is Helping Us Learn about Bird Migration," All About Birds, Cornell Lab of Ornithology, August 30, 2018, allaboutbirds.org/news/9-11-tribute-in-light-birds-night-migration.
15. Karen Bakker, *The Sounds of Life: How Digital Technology Is Bringing Us Closer to the Worlds of Animals and Plants* (Princeton, NJ: Princeton University Press, 2022), 14, Kindle.
16. Phoebe Weston, "No Birdsong, No Water in the Creek, No Beating Wings: How a Haven for Nature Fell Silent," *The Guardian*, April 16, 2024.
17. Bernie Krause, *Voices of the Wild: Animal Songs, Human Din, and the Call to Save Natural Soundscapes* (New Haven, CT: Yale University Press, 2015), 29–30, Kindle; Krause, Voices of the Wild, 25–26, Kindle; Bakker, The Sounds of Life, 307, Kindle.
18. Bernie Krause and Almo Farina, "Using Ecoacoustic Methods to Survey the Impacts of Climate Change on Biodiversity," *Biological Conservation* 195 (2016): 245–54, doi.org/10.1016/j.biocon.2016.01.013.
19. Bernie Krause, "The Niche Hypothesis: New Thoughts on Creature Vocalizations and the Relationship Between Natural Sound and Music," WFAE Newsletter, June 1993.
20. Krause, *Voices of the Wild*, 11, Kindle.
21. Nathan Robinson, "A Brain in Each Leg?," in *Conspiracy of Goodness*, episode 120, February 14, 2023, produced by Goodness Exchange, podcast, MP3 audio, 1:02:09, goodness-exchange.com/podcast/nathan-robinson-follow-curiosity.

5장. 별빛을 먹다

1. Isaac O. Perez et al., "Speed and Accuracy of Taste Identification and Palatability: Impact of Learning, Reward Expectancy, and Consummatory Licking," *American Journal of Physiology* 305, no. 3 (August 2013): R252–R270, doi.org/10.1152/ajpregu.00492.2012.
2. "Indigenous Peoples: Respect NOT Dehumanization," United Nations, un.org/en/fight-racism/vulnerable-groups/indigenous-peoples.
3. Barry Lopez, *The Rediscovery of North America* (New York: Vintage, 1992).
4. "List of Famines," Wikipedia, last edited on March 4, 2024, en.wikipedia.org/wiki/List_of_famines.
5. John Warren, *The Nature of Crops: How We Came to Eat the Plants We Do* (Wallingford, UK: CABI, 2015).
6. "What Is Happening to Agrobiodiversity?," Food and Agriculture Organization, fao.org/3/y5609e/y5609e02.html.
7. Stephen Strauss, "Clara M. Davis and the Wisdom of Letting Children Choose Their Own Diets," *Canadian Medical Association Journal* 175, no. 10 (November 7, 2006): 1199–201, doi:10.1503/cmaj.060990.
8. Clara Davis, "Results of the Self-Selection of Diets by Young Children," *Canadian Medical Association Journal* 41, no. 3 (September 1939): 257–61, ncbi.nlm.nih.gov/pmc/articles/PMC537465/pdf/canmedaj00208-0035.pdf.
9. Benjamin Scheindlin, " 'Take One More Bite for Me': Clara Davis and the Feeding of Young Children," *Gastronomica* 5, no. 1 (February 2005): 65–69, doi:10.1525/gfc.2005.5.1.65.
10. Fred Provenza, *Nourishment: What Animals Can Teach Us about Rediscovering Our Nutritional Wisdom* (White River Junction, VT: Chelsea Green Publishing, 2018), 20, Kindle.
11. Kerstin Rohde, Imke Schamarek, and Mattias Blüher, "Consequences of Obesity on the Sense of Taste: Taste Buds as Treatment Targets?," *Diabetes & Metabolism Journal* 44, no. 4 (2020): 509–28, doi:10.4093/dmj.2020.0058.
12. Tobi Thomas, "More Than a Billion People Worldwide Are Obese, Research Finds," *The Guardian*, February 29, 2004, theguardian.com/society/2024/feb/29/more-than-a-billion-people-worldwide-are-obese-research-finds.
13. Nell Boeschenstein, "How the Food Industry Manipulates Taste Buds with 'Salt Sugar Fat,'" NPR, February 26, 2103, npr.org/sections/

thesalt/2013/02/26/172969363/how-the-food-industry-manipulates-taste-buds-with-salt-sugar-fat.
14. Lelia Green, "No Taste for Health: How Tastes Are Being Manipulated to Favour Foods That Are Not Conducive to Health and Wellbeing," *M/C Journal* 17, no. 1 (2014), doi.org/10.5204/mcj.785.
15. Huiping Li et al., "Association of Ultraprocessed Food Consumption with Risk of Dementia: A Prospective Cohort Study," *Neurology* 99, no. 10 (September 6, 2022): e1056–e1066, doi:10.1212/WNL.0000000000200871.
16. Chris van Tulleken, *Ultra-Processed People: Why We Can't Stop Eating Food That Isn't Food* (New York: W. W. Norton, 2023), 5–6, Kindle.
17. Caroline Bushdid et al., "Humans Can Discriminate More Than 1 Trillion Olfactory Stimuli," *Science* 343, no. 6177 (March 21, 2014): 1370–72, doi:10.1126/science.1249168.
18. Merlin Sheldrake, *Entangled Life: How Fungi Make Our Worlds, Change Our Minds & Shape Our Futures* (New York: Random House, 2020), 27.
19. Albert-László Barabási, Giulia Menichetti, and Joseph Loscalzo, "The Unmapped Chemical Complexity of Our Diet," *Nature Food* 1 (2020): 33–37, doi.org/10.1038/s43016-019-0005-1.
20. Adrienne Rich, "Natural Resources," in *The Dream of a Common Language: Poems 1974–1977* (New York: W. W. Norton, 1978).

6장. 유사 식품

1. "Most Recent National Asthma Data," U.S. Centers for Disease Control and Prevention, last reviewed May 10, 2023, cdc.gov/asthma/most_recent_national_asthma_data.htm.
2. "Potatoes and Tomatoes Are America's Top Vegetable Choices," Economic Research Service, U.S. Department of Agriculture, 2015, last updated June 5, 2018, ers.usda.gov/data-products/chart-gallery/gallery/chart-detail/?chartId=89173.
3. Chris van Tulleken, *Ultra-Processed People: Why We Can't Stop Eating Food That Isn't Food* (New York: W. W. Norton), 326, Kindle.
4. John Mohawk, "Clear Thinking: A Positive Solitary View of Nature," in *Original Instructions: Indigenous Teachings for a Sustainable Future*, ed. Melissa K. Nelson

(Rochester, VT: Bear & Company, 2008), 48, Kindle.

5. Adrian Wooldridge, "A Sick America Can't Compete with China," *Bloomberg*, February 28, 2023, bloomberg.com/opinion/articles/2023-02-28/a-sick-america-can-t-compete-with-china.
6. Nicholas Kristof, "How Do We Fix the Scandal That Is American Health Care?," *The New York Times*, August 16, 2023, nytimes.com/2023/08/16/opinion/health-care-life-expectancy-poverty.html.
7. Van Tulleken, *Ultra-Processed People*, 107, Kindle.
8. Colby Hall, "The Surprising Reason McDonald's Ditched This Menu Item," Eat This, Not That!, June 23, 2020, eatthis.com/mcdonalds-ditched-salads.
9. Eric Roston, *The Carbon Age: How Life's Core Element Has Become Civilization's Greatest Threat* (New York: Walker, 2008), 26.
10. Dan Saladino, *Eating to Extinction: The World's Rarest Foods and Why We Need to Save Them* (New York: Farrar, Straus and Giroux, 2022), 2.
11. Michael Pollan, *In Defense of Food: An Eater's Manifesto* (New York: Penguin, 2008), 1, Kindle.
12. Roston, The Carbon Age, 227.
13. *Fast Food Facts 2021: Fast Food Advertising, Billions in Spending, Continued High Exposure by Youth* (Hartford: University of Connecticut Rudd Center for Food Policy & Obesity, June 2021), media.ruddcenter.uconn.edu/PDFs/FACTS2021.pdf.
14. Daphne Miller, The Jungle Effect: *The Healthiest Diets from around the World-Why They Work and How to Make Them Work for You* (New York: Harper Collins, 2008), 15, Kindle.
15. "Diabetes Prevalence (% of population ages 20 to 79)—Mexico," World Bank Group, data.worldbank.org/indicator/SH.STA.DIAB.ZS?locations=MX.
16. Jason Beaubien, "How Diabetes Got to Be the No. 1 Killer in Mexico," NPR, April 5, 2017, npr.org/sections/goatsandsoda/2017/04/05/522038318/how-diabetes-got-to-be-the-no-1-killer-in-mexico.
17. Laura Carlsen, "Under Nafta, Mexico Suffered, and the United States Felt Its Pain," *The New York Times*, November 24, 2013, nytimes.com/roomfordebate/2013/11/24/what-weve-learned-from-nafta/under-nafta-mexico-suffered-and-the-united-states-felt-its-pain.
18. Weston A. Price, *Nutrition and Physical Degeneration* (n.p.: Price-Pottenger Nutrition Foundation, 1939).

19. Melissa K. Nelson, ed., *Original Instructions: Indigenous Teachings for a Sustainable Future* (Rochester, VT: Bear & Company), 174, Kindle.
20. Nelson, ed., *Original Instructions*, 174, Kindle.
21. Wayne Pacelle, "Banned in 160 Nations, Why Is Ractopamine in U.S. Pork?," Live Science, July 26, 2014, livescience.com/47032-time-for-us-to-ban-ractopamine.html.
22. Christina Xenos, "Common US Foods That Are Banned in Other Countries," *Chicago Tribune*, November 3, 2021, chicagotribune.com/2021/11/03/common-us-foods-that-are-banned-in-other-countries.
23. Fred Provenza, *Nourishment: What Animals Can Teach Us about Rediscovering Our Nutritional Wisdom* (White River Junction, VT: Chelsea Green, 2018), 7, Kindle.

7장. 나노 기술의 시대

1. The idea of Spaceship Earth was first used by Henry George in his 1879 book entitled *Progress and Poverty*: "It is a well-provisioned ship, this on which we sail through space."
2. "Richard E. Smalley, Robert F. Curl, and Harold W. Kroto," Science History Institute, sciencehistory.org/historical-profile/richard-smalley-robert-curl-harold-kroto.
3. Judah Ginsberg, *The Discovery of Fullerenes* (Washington, DC: American Chemical Society, October 11, 2010), acs.org/content/dam/acsorg/education/whatischemistry/landmarks/fullerenes/discovery-of-fullerenes-commemorative-booklet.pdf.
4. Li Xiao et al., "The Water-Soluble Fullerene Derivative 'Radical Sponge®' Exerts Cytoprotective Action Against UVA Irradiation but Not Visible-Light-Catalyzed Cytotoxicity in Human Skin Keratinocytes," *Bioorganic & Medicinal Chemistry Letters* 16, no. 6 (March 15, 2006): 1590–95, doi.org/10.1016/j.bmcl.2005.12.011.
5. Sergey Emelyantsev et al., "Biological Effects of C60 Fullerene Revealed with Bacterial Biosensor—Toxic or Rather Antioxidant?," *Biosensors* 9, no. 2 (2019): 81, doi:10.3390/bios9020081.
6. Rania Bakry et al., "Medicinal Applications of Fullerenes," *International Journal of*

Nanomedicine 2, no. 4 (2007): 639–49, pubmed.ncbi.nlm.nih.gov/18203430.
7. Tarek Baati et al., "The Prolongation of the Lifespan of Rats by Repeated Oral Administration of [60] Fullerene," *Biomaterials* 33, no. 19 (2012): 4936–46, doi:10.1016/j.bio materials.2012.03.036.
8. Ayrat Khamatgalimov et al., "Fullerenes C100 and C108: New Substructures of Higher Fullerenes," *Structural Chemistry* 32 (2021): 2283–90, doi.org/10.1007/s11224-021-01803-0.
9. Aasgeir Helland et al., "Reviewing the Environmental and Human Health Knowledge Base of Carbon Nanotubes," *Environmental Health Perspectives* 115, no. 8 (August 2007): 1125–31, doi:10.1289/ehp.9652.
10. Rasel Das, Bey Fen Leo, and Finbarr Murphy, "The Toxic Truth about Carbon Nanotubes in Water Purification: A Perspective View," *Nanoscale Research Letters* 13, no. 183 (2018), doi.org/10.1186/s11671-018-2589-z.
11. Sudjit Luanpitpong, Liying Wang, and Yon Rojanasakul, "The Effects of Carbon Nanotubes on Lung and Dermal Cellular Behaviors," *Nanomedicine* 9, no. 6 (May 2014): 895–912, doi:10.2217/nnm.14.42.
12. Karen F. Schmidt, *Nanofrontiers: Visions for the Future of Nanotechnologies (PEN 6)* (Washington, DC: Woodrow Wilson International Center for Scholars, Project on Emerging Nanotechnologies, March 2007), nanowerk.com/nanotechnology/reports/reportpdf/report81.pdf.
13. Amy Westervelt, "Phthalates Are Everywhere, and the Health Risks Are Worrying. How Bad Are They Really?," *The Guardian*, February 10, 2015, theguardian.com/lifeandstyle/2015/feb/10/phthalates-plastics-chemicals-research-analysis.
14. Ravi Naidu et al., "Chemical Pollution: A Growing Peril and Potential Catastrophic Risk to Humanity," *Environment International* 156 (2021), doi.org/10.1016/j.envint.2021.106616.
15. Das, Leo, and Murphy, "The Toxic Truth about Carbon Nanotubes in Water Purification."
16. "What Is the Carbon Footprint of Steel?," Sustainable Ships, sustainable-ships.org/stories/2022/carbon-footprint-steel.
17. James Hall, "Cleaning Up the Steel Industry: Reducing CO2 Emissions with CCUS," Carbon Clean, January 28, 2021, carbonclean.com/blog/steel-co2-emissions.

8장. 녹색의 연결망

1. David George Haskell, *The Songs of Trees: Stories from Nature's Great Connectors* (New York: Viking, 2017), 179, Kindle.
2. Richard Mabey, *The Cabaret of Plants: Forty Thousand Years of Plant Life and the Human Imagination* (New York: W. W. Norton, 2015), 90.
3. Sophie Arnaud-Haond et al., "Implications of Extreme Life Span in Clonal Organisms: Millenary Clones in Meadows of the Threatened Seagrass Posidonia oceanica," *PLoS ONE* 7, no. 2 (2012): e30454, doi.org/10.1371/journal.pone.0030454.
4. Brian J. Enquist et al., "The Commonness of Rarity: Global and Future Distribution of Rarity across Land Plants," *Science Advances* 5, no. 11 (November 2019), doi:10.1126/sciadv.aaz04. 연구자들은 10년 동안 그리고 20억 건의 관측에서 각각 5회 미만으로 기록되었다는 이유만으로 육상 종의 35.6퍼센트를 "극히 희귀한" 것으로 간주해야 한다고는 생각하지 않았다.
5. Yinon M. Bar-On, Rob Phillips, and Ron Milo, "The Biomass Distribution on Earth," *Proceedings of the National Academy of Sciences* 115, no. 25 (April 13, 2018): 6506-11, doi.org/10.1073/pnas.1711842115; "Hura crepitans (Sandbox Tree)," BioNET-EAFRINET, keys.lucidcentral.org/keys/v3/eafrinet/weeds/key/weeds/Media/Html/Hura_crepitans_(Sandbox_Tree).htm.
6. Stefano Mancuso and Alessandra Viola, *Brilliant Green: The Surprising History and Science of Plant Intelligence* (Washington, DC: Island Press, 2015); Mabey, The Cabaret of Plants, 3.
7. Michael Allaby, *Oxford Dictionary of Plant Sciences*, 3rd ed., online (Oxford, UK: Oxford University Press, 2013), doi:10.1093/acref/9780199600571.001.0001.
8. Lynne Collins, "Luther Burbank: A Bibliographical Sketch," Luther Burbank Home and Gardens, February 1984, updated 1992, lutherburbank.org/wpcontent/ uploads/2023/05/Luther-Burbank-A-Biographical-Sketch.pdf.
9. Marcus Storm, "First Map Shows Global Hotspots of Glyphosate Contamination," Sydney Institute of Agriculture, University of Sydney, March 19, 2020, sydney.edu.au/news-opinion/news/2020/03/19/glyphosate-contamination-global-hotspots-in-world-first-map.html.
10. Christina Gillezeau, et al., "The Evidence of Human Exposure to Glyphosate: A Review," *Environmental Health* 18, no. 1 (2019): 2, doi:10.1186/s12940-018-0435-5.

11. "Pellet Mill List," *Biomass*, biomassmaga zine.com/plants/list/pellet-mill.
12. Gabriel Popkin, "There's a Booming Business in America's Forests. Some Aren't Happy about It," *The New York Times*, April 19, 2021, nytimes.com/2021/04/19/climate/wood-pellet-industry-climate.html.
13. Mabey, *The Cabaret of Plants*, 4.
14. Mancuso and Viola, *Brilliant Green*.
15. Ted C. J. Turlings et al., "An Elicitor in Caterpillar Oral Secretions That Induces Corn Seedlings to Emit Chemical Signals Attractive to Parasitic Wasps," *Journal of Chemical Ecology* 19 (1993): 411–25, doi.org/10.1007/BF00994314.
16. Howard J. Dittmer, "A Quantitative Study of the Roots and Root Hairs of a Winter Rye Plant (Secale cereale)," *American Journal of Botany* 24, no. 7 (1937): 417–20, jstor.org/stable/2436424.
17. František Baluška et al., "The 'Root-Brain' Hypothesis of Charles and Francis Darwin: Revival after More Than 125 Years," *Plant Signaling & Behavior* 4, no. 12 (2009): 1121–27, doi:10.4161/psb.4.12.10574.
18. Killian Fox, "Botanist Stefano Mancuso: 'You Can Anaesthetise All Plants. This Is Extremely Fascinating,'" *The Guardian*, April 15, 2023, theguardian.com/environment/2023/apr/15/scientist-stefano-mancuso-you-can-anaesthetise-all-plants-this-is-extremely-fascinating-tree-stories.
19. Walter D. Koenig, "A Brief History of Masting Research," *Philosophical Transactions of the Royal Society B* 376 (2021): 20200423, doi.org/10.1098/rstb.2020.0423.
20. Rhett A. Butler, "Borneo," Mongabay, last update June 29, 2020, rainforests.mongabay.com/borneo.
21. Melanie Jones, Jason Hoeksema, and Justine Karst, "Where the 'Wood-Wide Web' Narrative Went Wrong," *Undark*, May 5, 2023, undark.org/2023/05/25/where-the-wood-wide-web-narrative-went-wrong.
22. Patricia Dennis, Stephen M. Shuster, and Con N. Slobodchikoff, "Dialects in the Alarm Calls of Black-Tailed Prairie Dogs (*Cynomys ludovicianus*): A Case of Cultural Diffusion?," *Behavioural Processes* 181 (2020): 104243, doi: 10.1016/j.beproc.2020.104243.
23. Kate Golembiewski, "Every Elephant Has Its Own Name, Study Suggests," *The New York Times*, June 10, 2024, nytimes.com/2024/06/10/science/elephants-names-rumbles.html.
24. Monica Gagliano, *Thus Spoke the Plant: A Remarkable Journey of Groundbreaking*

Scientific Discoveries & Personal Encounters with Plants (Berkeley, CA: North Atlantic Books, 2018), 69.
25. Fred Provenza, *Nourishment: What Animals Can Teach Us about Rediscovering Our Nutritional Wisdom* (White River Junction, VT: Chelsea Green Publishing, 2018), 20, Kindle.
26 Gagliano, *Thus Spoke the Plant*, 34.
27. Monica Gagliano et al., "Out of Sight but Not Out of Mind: Alternative Means of Communication in Plants," *PLoS ONE* 7, no. 5 (2012): e37382, doi.org/10.1371/journal.pone.0037382.
28. Muhammad Waqas, Dominique Van Der Straeten, and Christoph-Martin Geilfus, "Plants 'Cry' for Help Through Acoustic Signals," *Trends in Plant Science* 28, no. 9 (September 2023): 984–86, doi:10.1016/j.tplants.2023.05.015.
29. Monica Gagliano, Stefano Mancuso, and Daniel Robert, "Towards Understanding Plant Bioacoustics," *Trends in Plant Science* 17, no. 6 (June 2012): 323–25, doi:10.1016/j.tplants.2012.03.002.
30. Zoë Schlanger, *The Light Eaters: How the Unseen World of Plant Intelligence Offers a New Understanding of Life on Earth* (New York: HarperCollins, 2024), 115, Kindle.
31. ibid., 109–10, Kindle.
32. ibid., 28, Kindle.
33. ibid., 247, Kindle.
34. ibid., 100, Kindle.
35. Jason Daley, "Humans Make Up Just 1/10,000th of Earth's Biomass," *Smithsonian*, May 25, 2018, smithson ianmag.com/smart-news/humans-make-110000th-earths-biomass-180969141.
36. Bar-On, Phillips, and Milo, "The Biomass Distribution on Earth."

9장. 곰팡이 왕국

1. Peter McCoy, *Radical Mycology: A Treatise on Seeing & Working with Fungi* (Portland, OR: Chthaeus Press, 2016).
2. Merlin Sheldrake, "Mycelial Landscapes: A Conversation with Merlin Sheldrake and Barney Steel, Moderated by Emmanuel Vaughan-Lee," in *Emergence Magazine*, February 12, 2024, produced by Emergence Magazine, podcast, MP3

audio, 1:06:22, emergencemagazine.org/interview/mycelial-landscapes.
3. McCoy, *Radical Mycology*, 2.
4. Merlin Sheldrake, *Entangled Life: How Fungi Make Our Worlds, Change Our Minds & Shape Our Futures* (New York: Random House, 2020), 46.
5. McCoy, Radical Mycology, 11.
6. David Hawksworth, "Mycology, A Neglected Megascience," in *Applied Mycology*, ed. Mahendra Rai and Paul D. Bridge (Wallingford, UK: Centre for Agriculture and Bioscience International, 2009), 2.
7. McCoy, *Radical Mycology*, 21.
8. Heidi Ledford, "Billion-Year-Old Fossils Set Back Evolution of Earliest Fungi," *Nature*, May 22, 2019, doi.org/10.1038/d41586-019-01629-1.
9. Ed Yong, "Blue Whales Can Eat Half a Million Calories in a Single Mouthful," *National Geographic*, December 9, 2010, nationalgeographic.com/science/article/blue-whales-can-eat-half-a-million-calories-in-a-single-mouthful.
10. "Staple Foods: What Do People Eat?," Food and Agriculture Organization, fao.org/3/u8480e/u8480e07.htm.
11. Peter McCoy, "On Fungi and the Birth of the Modern Psyche," in *For the Wild Podcast*, episode 37, July 20, 2016, produced by For the Wild, podcast, MP3 audio, 57:57, forthewild.world/listen/peter-mccoy-on-fungi-and-the-birth-of-the-modern-psyche-part-1.
12. Gabriel Popkin, "Soil's Microbial Market Shows the Ruthless Side of Forests," *Quanta Magazine*, August 27, 2019, quantamagazine.org/soils-microbial-market-shows-the-ruthless-side-of-forests-20190827.
13. Giuliani Furci, "The Inner Lives of Fungi," in *Life Worlds*, episode 3, produced by Alexa Ferminich, August 2022, podcast, MP3 audio, 57:14, lifeworld.earth/episodes-blog/fungigiulianafurci.
14. Patrick Greenfield, "'Uncharted Territory': More Than 2m Fungi Species Yet to Be Discovered, Scientists Say," *The Guardian*, October 10, 2023, theguardian.com/environment/2023/oct/10/uncharted-territory-kew-scientists-say-more-than-2m-fungi-species-waiting-to-be-identified-aoe.
15. David L. Hawksworth and Robert Lücking, "Fungal Diversity Revisited: 2.2 to 3.8 Million Species," *Microbiology Spectrum* 5, no. 4 (July 2017): 79–95, doi:10.1128/microbiolspec.FUNK-0052-2016.
16. Heidi-Jayne Hawkins et al., "Mycorrhizal Mycelium as a Global Carbon Pool," *Current Biology* 33, no. 11 (June 5, 2023): R560–R573, doi.org/10.1016/

j.cub.2023.02.027.
17. Serita D. Frey, "Mycorrhizal Fungi as Mediators of Soil Organic Matter Dynamics," *Annual Review of Ecology, Evolution, and Systematics* 50, no. 1 (2019): 237–59, doi.org/10.1146/annurev-ecolsys-110617-062331.
18. Berta Bago, Philip E. Pfeffer, and Yair Shachar-Hill, "Carbon Metabolism and Transport in Arbuscular Mycorrhizas," *Plant Physiology* 124, no. 3 (November 2000): 949–58, doi.org/10.1104/pp.124.3.949.
19. Martin Köchy, Roland Hiederer, and Annette Freibauer, "Global Distribution of Soil Organic Carbon—Part 1: Masses and Frequency Distributions of SOC Stocks for the Tropics, Permafrost Regions, Wetlands, and the World," *Soil* 1, no. 1 (April 16, 2015): 351–65, doi.org/10.5194/soil-1-351-2015.
20. Michael Hathaway and Willoughby Arévalo, "How Do Fungi Communicate?," *MIT Technology Review*, April 24, 2023, technologyreview.com/2023/04/24/1071363/fungi-fungus-communication-explainer.
21. Sheldrake, *Entangled Life*, 156–58.
22. Fabien Cottier and Fritz A. Mühlschlegel, "Communication in Fung", *International Journal of Microbiology* 2012, no. 2012 (September 26, 2011): 351832, doi:10.1155/2012/351832.
23. Sheldrake, *Entangled Life*, 161.
24. Jeremy Hance, "Uncovering the Intelligence of Insects, an Interview with Lars Chittka," Mongabay, June 29, 2010, news.mongabay.com/2010/06/uncovering-the-intelligence-of-insects-an-interview-with-lars-chittka.
25. University Of New Hampshire, "Researcher Uncovering Mysteries of Memory by Studying Clever Bird," *ScienceDaily*, October 12, 2006, sciencedaily.com/releases/2006/10/061012094818.htm; Lesley Evans Ogden, "Better Know a Bird: The Clark's Nutcracker and Its Obsessive Seed Hoarding," *Audubon*, November 8, 2016, audubon.org/news/better-know-bird-clarks-nutcracker-and-its-obsessive-seed-hoarding.

10장. 사라지는 언어들

1. Willem Larsen with "Urban Scout" Peter Michael Bauer, "E-primitive: Rewilding the English Language," Peter Michael Bauer, February 4, 2008, petermichaelbauer.com/e-primitive-rewilding-the-english-language.

2. Zhanyun Wang et al., "Toward a Global Understanding of Chemical Pollution: A First Comprehensive Analysis of National and Regional Chemical Inventories," *Environmental Science & Technology* 54, no. 5 (2020): 2575–84, doi:10.1021/acs.est.9b06379.
3. Stephen Lower, "Introduction to Chemical Nomenclature," Fraser University, LibreTexts Chemistry, chem.libretexts.org/@go/page/3606?pdf.
4. Andrew Messing, "Re: Do You Know Any Examples of Indigenous Language Having a Concept for 'Wilderness?,'" ResearchGate, 2014, in response to question asked April 27, 2014, researchgate.net/post/Do-you-know-any-examples-of-indigenous-language-having-a-concept-for-wilderness/535ce7bdd2fd6448278b45c3/citation/download.
5. Paul Hawken, *Blessed Unrest* (New York: Penguin Books, 2007), 87.
6. ibid., 90.
7. Alex Carp, "The Endangered Languages of New York," *The New York Times Magazine*, February 22, 2024, nytimes.com/interactive/2024/02/22/magazine/endangered-languages-nyc.html.
8. "List of Endangered Languages in the United States," Wikipedia, last edited on March 12, 2024, en.wikipedia.org/wiki/List_of_endangered_languages_in_the_United_States.
9. Wade Davis, "The Ethnosphere and the Academy," speech given at the conference "Indigenous Knowledges: Transforming the Academy," Pennsylvania State University, May 27, 2004.
10. Christopher Moseley, ed., "Atlas of the World's Languages in Danger," UNESCO, 2010, unesdoc.unesco.org/ark:/48223/pf0000187026.
11. Wade Davis, *Light at the Edge of the World: A Journey through the Realm of Vanishing Cultures* (Washington, DC: National Geographic, 2001).
12. "General Information Folio 5: Appropriate Terminology, Indigenous Australian Peoples," in *Teaching the Teachers: Indigenous Australian Studies for Primary Pre-Service Teacher Education* (Oatley, Australia: School of Teacher Education, University of New South Wales, 1996), ipswich.qld.gov.au/__data/assets/pdf_file/0008/10043/appropriate_indigenous_terminoloy.pdf.
13. Silas Tertius Rand, *Legends of the Micmacs* (New York: Longmans, Green, & Co., 1894).
14. William H. Brewer, *Up and Down California in 1860–1864: The Journal of William H. Brewer* (Berkeley: University of California Press, 2003).

15. Michael Dettinger and B. Lynn Ingram, "Megastorms Could Drown Massive Portions of California," *Scientific American*, January 1, 2013, scientificamerican.com/article/megastorms-could-down-massive-portions-of-california.
16. William Least Heat-Moon, *PrairyErth: A Deep Map* (New York: Houghton Mifflin Harcourt, 1991), Kindle.
17. "Annual Tropical Deforestation by Agricultural Product," Our World in Data, ourworldindata.org/grapher/deforestation-by-commodity.
18. "Tiokasin Ghosthorse, Lakota Native American on Intuitive Intelligence," conversation at Tamera, Portugal, on the sidelines of the "Defend the Sacred" conference, August 17, 2019, YouTube video, 19:22, youtube.com/watch?v=qtQ7oJKDjRg.

11장. 곤충의 붕괴

1. *The Poems of Emily Dickinson*, edited by Thomas H. Johnson, The Belknap Press of Harvard University Press, Copyright © 1951, 1955, 1979, 1983 by the President and Fellows of Harvard College.
2. Yoshinori Shichida and Matsuyama Take, "Evolution of Opsins and Phototransduction," *Philosophical Transactions of the Royal Society B* 364, no. 1531 (2009): 2881–95, doi:10.1098/rstb.2009.0051.
3. Ben Guarino, "There's a Huge and Hidden Migration in North America—of Dragonflies," *The Washington Post*, December 21, 2018, washingtonpost.com/science/2018/12/21/theres-huge-hidden-migration-america-dragonflies.
4. Leland C. Wyman and Flora Bailey, *Navaho Indian Ethnoentomology* (Albuquerque: University of New Mexico Press, 1964), from Lynne Kelly, *The Memory Code: The Secrets of Stonehenge, Easter Island and Other Ancient Monuments* (New York: Pegasus, 2017), 303, Kindle; Ralph Bulmer, "Review: Untitled," review of *Navaho Indian Ethnoentomology* by Leland C. Wyman and Flora L. Bailey, *American Anthropologist* 67, no. 6 (December 1965): 1564–66, jstor.org/stable/669185.
5. Henry Walter Bates, *The Naturalist on the River Amazons: A Record of Adventures, Habits of Animals, Sketches of Brazilian and Indian Life, and Aspects of Nature under the Equator, during Eleven Years of Travel*, 3rd ed. (New York: Humbolt, 1873; Cambridge: Cambridge University Press, 2009).
6. Suriya Narayanan Murugesan et al., "Butterfly Eyespots Evolved via Cooption of Ancestral Gene-Regulatory Network That Also Patterns Antennae, Legs, and

Wings," *Proceedings of the National Academy of Sciences* 119, no. 8 (February 15, 2022): e2108661119, pnas.org/doi/epdf/10.1073/pnas.2108661119.

7. Max Planck Society, "Sequestration of Plant Toxins by Monarch Butterflies Leads to Reduced Warning Signal Conspicuousness," Phys.org, January 18, 2023, phys.org/news/2023-01-sequestration-toxins-monarch-butterflies-conspicuousness.html.
8. Johan Eklöf, *The Darkness Manifesto: On Light Pollution, Night Ecology, and the Ancient Rhythms That Sustain Life* (New York: Scribner, 2014), 10, Kindle.
9. Max Anderson, Ellen L. Rotheray, and Fiona Mathews, "Marvellous Moths! Pollen Deposition Rate of Bramble (*Rubus futicosus* L. agg.) Is Greater at Night Than Day," PLoS One 18, no. 3 (March 29, 2023): e0281810, doi.org/10.1371/journal.pone.0281810; Akito Kawahara, "Opinion: Look at a Moth—and Find a Wonder That's Been Waiting All Along," *The Washington Post*, August 8, 2023, washingtonpost.com/opinions/2023/08/08/moths-environment-disappearing-photos.
10. Matilda Gibbons et al., "Can Insects Feel Pain? A Review of the Neural and Behavioural Evidence," *Advances in Insect Physiology* 63 (2022): 155–229, doi.org/10.1016/bs.aiip.2022.10.001.
11. Irina Mikhalevich and Russell Powell, "Minds without Spines: Evolutionarily Inclusive Animal Ethics," *Animal Sentience* 29, no. 1 (2020), doi:10.51291/2377-7478.1527.
12. Helen Lambert, Angie Elwin, and Neil D'Cruze, "Wouldn't Hurt a Fly? A Review of Insect Cognition and Sentience in Relation to Their Use as Food and Feed," *Applied Animal Behaviour Science* 243 (2021): 105432, doi.org/10.1016/j.applanim.2021.105432.
13. Colin Klein and Andrew B. Barron, "Insects Have the Capacity for Subjective Experience," *Animal Sentience* 9, no. 1 (2016), doi:10.51291/2377-7478.1113.
14. Lars Chittka, *The Mind of a Bee* (Princeton, NJ: Princeton University Press, 2022), Kindle.
15. Stephen L. Buchmann, *What a Bee Knows: Exploring the Thoughts, Memories, and Personalities of Bees* (Washington, DC: Island Press, 2023), 57, Kindle.
16. Casper A. Hallmann et al., "More Than 75 Percent Decline over 27 Years in Total Flying Insect Biomass in Protected Areas," *PLoS ONE* 12, no. 10 (2017): e0185809, doi.org/10.1371/journal.pone.0185809.
17. Edward O. Wilson, in Oliver Millman, *The Insect Crisis: The Fall of the Tiny*

Empires That Run the World (New York: W. W. Norton, 2022), 5, 15.
18. Edward O. Wilson, "The Little Things That Run the World (The Importance and Conservation of Invertebrates)," *Conservation Biology* 1, no. 4 (1987): 344–46, jstor.org/stable/2386020.
19. Mark Cocker, "Look Up, Listen, and Be Very Concerned. Birds Are Vanishing—and Their Crisis Is Our Crisis," *The Guardian*, April 17, 2023, theguardian.com/commentisfree/2023/apr/17/birds-vanishing-crisis-40m-birds.
20. Kenneth V. Rosenberg et al., "Decline of the North American Avifauna," *Science* 366, no. 6461 (2019): 120–24, doi:10.1126/science.aaw1313.
21. Pedro Cardoso et al., "Scientists' Warning to Humanity on Insect Extinctions," *Biological Conservation* 242 (2020): 108426, doi.org/10.1016/j.biocon.2020.108426.
22. Millman, *The Insect Crisis*, 17.
23. Helena Horton, "Defra May Approve 'Devastating' Bee-Killing Pesticide, Campaigners Fear," *The Guardian*, December 7, 2021, theguardian.com/environment/2021/dec/07/defra-may-approve-devastating-bee-killing-pesticide-campaigners-fear.
24. Courtney Lindwall, "Neonicotinoids 101: The Effects on Humans and Bees," Natural Resources Defense Council, May 25, 2022, nrdc.org/stories/neonicotinoids-101-effects-humans-and-bees.
25. Stefanie Christmann, "Climate Change Enforces to Look beyond the Plant—the Example of Pollinators," *Current Opinion in Plant Biology* 56 (2020): 162–67, doi.org/10.1016/j.pbi.2019.11.001.
26. Isabella Tree, *Wilding: Returning Nature to Our Farm* (New York: New York Review Books, 2019), 4, Kindle.
27. Frank Dikötter, *Mao's Great Famine: The History of China's Most Devastating Catastrophe, 1958–1962* (New York: Bloomsbury, 2011).
28. Stefanie Christmann et al., "Farming with Alternative Pollinators Benefits Pollinators, Natural Enemies, and Yields, and Offers Transformative Change to Agriculture," *Scientific Reports* 11, no. 1 (September 14, 2021): 18206, doi:10.1038/s41598-021-97695-5.
29. Hilary Howard, "To Save Monarch Butterflies, They Had to Silence the Lawn Mowers," *The New York Times*, October 14, 2023, nytimes.com/2023/10/14/nyregion/to-save-monarch-butterflies-they-had-to-silence-the-lawn-mowers.html.

12장. 녹색 방주

1. Ker Than, "Why Giant Bugs Once Roamed the Earth," *National Geographic*, August 9, 2011, national geographic.com/science/article/110808-ancient-insects-bugs-giants-oxygen-animals-science.
2. Carolyn Y. Johnson, "An Apocalyptic Dust Plume Killed Off the Dinosaurs, Study Says," *The Washington Post*, October 30, 2023, washingtonpost.com/science/2023/10/30/dust-killed-dinosaurs-tanis-climate.
3. Peter Brannen, *The Ends of the World: Volcanic Apocalypses, Lethal Oceans, and Our Quest to Understand Earth's Past Mass Extinctions* (New York: HarperCollins, 2017), 194, Kindle.
4. Daniel Immerwahr, "Mother Trees and Socialist Forests: Is the 'Wood-Wide Web' a Fantasy?," *The Guardian*, April 23, 2024, theguardian.com/environment/2024/apr/23/mother-trees-and-socialist-forests-is-the-wood-wide-web-a-fantasy.
5. Sarah Kaplan, "As Many as One in Six U.S. Tree Species Is Threatened with Extinction," *The Washington Post*, August 23, 2022, washingtonpost.com/climate-environment/2022/08/23/extinct-tree-species-sequoias.
6. Jayne Dowle, "Scientists Issue Stark Warning about the Threat to US Native Trees," September 24, 2022, Gardeningetc.com, gardeningetc.com/news/us-native-trees-threat.
7. Markus Reichstein and Nuno Carvalhais, "Aspects of Forest Biomass in the Earth System: Its Role and Major Unknowns," *Surveys in Geophysics* 40 (2019): 693–707, doi.org/10.1007/s10712-019-09551-x.
8. Nathaelle Bouttes, "Warm Past Climates: Is Our Future in the Past?," National Centre for Atmospheric Science, May 27, 2020, archived from the original on August 13, 2018, web .archive.org/web/20180813004809/https:/www.ncas.ac.uk/en/climate-blog/397-warm-past-climates-is-our-future-in-the-past.
9. Thijs van Kolfschoten, "The Eemian Mammal Fauna of Central Europe," *Netherlands Journal of Geosciences* 79, no. 2/3 (2000): 269–81, doi:10.1017/S0016774600021752.
10. Jean-Francois Bastin et al., "The Global Tree Restoration Potential," *Science* 365, no. 6448 (July 5, 2019): 76–79, doi:10.1126/science.aax084.
11. Ben Rawlence, *The Treeline: The Last Forest and the Future of Life on Earth* (New York: St. Martin's, 2022), 33, Kindle.

12. Eric Roston, "Corporate Net-Zero Goals Don't Add Up to a Net-Zero Planet," *Bloomberg*, July 27, 2022, bloomberg.com/news/articles/2022-06-27/companies-net-zero-emissions-goals-don-t-add-up.
13. Julian Mock, Nadja Popovich, and John Schwartz, "One Thing You Can Do: Help to Preserve Forests," *The New York Times*, January 8, 2020, nytimes.com/2020/01/08/climate/nyt-climate-newsletter-forests.html.
14. Rawlence, *The Treeline*, 209–10, Kindle.
15. Ian Austin and Vjosa Isai, "Canada's Logging Industry Devours Forests Crucial to Fighting Climate Change," *The New York Times*, January 4, 2024, nytimes.com/2024/01/04/world/canada/canada-boreal-forest-logging.html.
16. Zoë Schlanger, *The Light Eaters: How the Unseen World of Plant Intelligence Offers a New Understanding of Life on Earth* (New York: HarperCollins, 2024), 244, Kindle.
17. John W. Reid and Thomas E. Lovejoy, *Ever Green: Saving Big Forests to Save the Planet* (New York: W. W. Norton, 2022), 20.
18. Yinka Ibukun and Natasha White, "Dubai Firm's Africa Ambitions Raises Carbon Colonialism Concerns," *Bloomberg*, November 29, 2023, bloomberg.com/news/articles/2023-11-29/dubai-firm-s-africa-ambitions-raises-carbon-colonialism-concerns.
19. "Tropical and Subtropical Moist Broadleaf Forests: Southeastern Asia: Indonesia and Malaysia," World Wildlife Fund, worldwildlife.org/ecoregions/im0102.
20. Takuo Tamakura et al., "Tree Size in a Mature Dipterocarp Forest Stand in Sebolu, East Kalimantan, Indonesia," *Southeast Asian Studies* 23, no. 4 (1986): 452–78, kyoto-seas.org/pdf/23/4/230404.pdf.
21. Reid and Lovejoy, *Ever Green*, 8–11.

13장. 검은 흙

1. Peter McCoy, *Radical Mycology: A Treatise on Seeing & Working with Fungi* (Portland, OR: Chthaeus Press, 2016), 28.
2. Gabriel Popkin, "Soil's Microbial Market Shows the Ruthless Side of Forests," *Quanta Magazine*, August 27, 2019, quantamagazine.org/soils-microbial-market-shows-the-ruthless-side-of-forests-20190827.
3. Anne E. Hajek and Jørgen Eilenberg, *Natural Enemies: An Introduction to Biological*

Control (Cambridge: Cambridge University Press, 2018).
4. Carl H. Lindroth, "The Linnaean Species of Carabid Beetles," *Zoological Journal of the Linnaean Society* 43, no. 291 (March 1957): 325–41, doi.org/10.1111/j.1096-3642.1957.tb01556.x.
5. Nicole Masters, *For the Love of Soil: Strategies to Regenerate Our Food Production Systems* (New Zealand: Printable Reality, 2019), 138–142, Kindle.
6. Jeremy Megraw, "The Importance of Earthworms: Darwin's Last Manuscript," New York Public Library, April 19, 2022, nypl.org/blog/2012/04/19/earthworms-darwins-last-manuscript.
7. Olga Maria Correia Chitas Ameixa et al., "Ecosystem Services Provided by the Little Things That Run the World," in *Selected Studies in Biodiversity*, ed. Bülent Şen and Oscar Grillo (London: InTechOpen, 2018), doi:10.5772/intechopen.74847.
8. "Land Degradation Neutrality," United Nations Convention to Combat Desertification, 2014, catalogue.unccd.int/858_V2_UNCCD_BRO_.pdf.
9. Marie Dacke et al., "Dung Beetles Use the Milky Way for Orientation," *Current Biology* 23, no. 4 (2013): 298–300, doi:10.1016/j.cub.2012.12.034.
10. Edward O. Wilson, *Tales from the Ant World* (New York: Liveright, 2020), 9, Kindle.
11. Patrick Schultheiss et al., "The Abundance, Biomass and Distribution of Ants on Earth," *Proceedings of the National Academy of Sciences* 119, no. 40 (2022): e2201550119, doi.org/10.1073/pnas.2201550119.
12. Erik Cammeraat and Anita Risch, "The Impact of Ants on Mineral Soil Properties and Processes at Different Spatial Scales," *Journal of Applied Entomology* 132, no. 4 (May 2008): 285–94, doi.org/10.1111/j.1439-0418.2008.01281.x.
13. Mark Blaxter, "Nematodes: The Worm and Its Relatives," PLoS Biology 9, no. 4 (April 2011): 1–9, doi.org/10.1371/journal.pbio.1001050.
14. Jon Stika, *A Soil Owner's Manual: How to Restore and Maintain Soil Health* (self-pub., CreateSpace, 2016), 22, Kindle.
15. Masters, *For the Love of Soil*, 158, Kindle.
16. Michael Fakhri, "Public Statement by the United Nations Special Rapporteur on the Right to Food, Mr. Michael Fakhri," United Nations Human Rights, Office of the High Commissioner, May 20 2022, ohchr.org/sites/default/files/2022-05/joint-statement-wto-imf-wfp.pdf.
17. "Global Symposium on Soil Erosion," May 15–17, 2019, Food and Agricultural

Organization of the United Nations, Rome, Italy, fao.org/about/meetings/soil-erosion-symposium/en.
18. Hannah Ritchie, "Three Billion People Cannot Afford a Healthy Diet," Our World in Data, July 12, 2021, ourworldindata.org/diet-affordability.
19. Tania V. Humphrey, Dario T. Bonetta, and Daphne R. Goring, "Sentinels at the Wall: Cell Wall Receptors and Sensors," *New Phytologist* 176, no. 1 (August 2007): 7–21, doi.org/10.1111/j.1469-8137.2007.02192.x.
20. Isabelle Hug, et al., University of Basel, "Bacteria Have a Sense of Touch," *ScienceDaily*, October 26, 2017, sciencedaily.com/releases/2017/10/171026142320.html.
21. Shreya Dasgupta, "Sounds of the Soil: A New Tool for Conservation?," Mongabay, June 30, 2023, news.mongabay.com/2023/06/sounds-of-the-soil-a-new-tool-for-conservation.
22. Ute Eberle, "Life in the Soil Was Thought to Be Silent. What If It Isn't?," *Knowable Magazine*, February 9, 2022, knowablemagazine.org/content/article/living-world/2022/life-soil-was-thought-be-silent-what-if-it-isnt.
23. "Fascinating Soil," Sounding Soil—a Project by BioVision, soundingsoil.ch/en/know.
24. Marcus Maeder et al., "Sounding Soil: An Acoustic, Ecological and Artistic Investigation of Soil Life," *Soundscape: The Journal of Acoustic Ecology* 18 (2019): 5–14, wfae.net/uploads/5/9/8/4/59849633/soundscape_vol18.pdf.
25. "Home Grown: The Agriculture Industry," The California State University, calstate.edu/csu-system/news/Pages/where-the-jobs-are-agriculture.aspx.
26. "Tallgrass Prairie and Carbon Sequestration," Tallgrass Ontario, tallgrassontario.org/wp-site/carbon-sequestration.
27. Masters, *For the Love of Soil*, 157, Kindle.

14장. 잃어버린 야생

1. Johan Eklöf, *The Darkness Manifesto: On Light Pollution, Night Ecology, and the Ancient Rhythms That Sustain Life* (New York: Scribner, 2022), 216, Kindle.
2. Isabella Tree, *Wilding: Returning Nature to Our Farm* (New York: New York Review Books, 2019), 70, Kindle.
3. ibid., 58, Kindle.

4. ibid., 57, Kindle.
5. ibid., 9, Kindle.
6. Caitlin Moran, "Why the Knepp Rewilding Project Is Truly Magical," *The Times*, April 28, 2023, thetimes.co.uk/article/why-the-knepp-rewilding-project-is-truly-magical-m68trp899.
7. Tree, *Wilding*, 168, 176, 268–69, Kindle.
8. "The Book of Wilding: Knepp's Soil Carbon Journey," Agricarbon, June 9, 2023, agricarbon.co.uk/the-book-of-wilding-knepp-soil-carbon.
9. Tree, *Wilding*, 9–10. Kindle.
10. Graeme Green, "Herd of 170 Bison Could Help Store CO2 Equivalent of 43,000 Cars, Researchers Say," *The Guardian*, May 15, 2024, theguardian.com/environment/article/2024/may/15/bison-romania-tarcu-2m-cars-carbon-dioxide-emissions-aoe.
11. Robin Wall Kimmerer, *Braiding Sweetgrass: Indigenous Wisdom, Scientific Knowledge and the Teachings of Plants* (Minneapolis: Milkweed Editions, 2013), 42, Kindle.
12. Siddhartha Mukherjee, *The Song of the Cell: An Exploration of Medicine and the New Human* (New York: Scribner, 2023), 362.
13. Monica Gagliano, *Thus Spoke the Plant: A Remarkable Journey of Groundbreaking Scientific Discoveries & Personal Encounters with Plants* (Berkeley, CA: North Atlantic Books, 2018).
14. Simon Mustoe, *Wildlife in the Balance: Why Animals Are Humanity's Best Hope* (Melbourne, Australia: Wildiaries, 2022), 77, Kindle.
15. Brian Tomasik, "How Many Wild Animals Are There?," Essays on Reducing Suffering, 2009, last update August 7, 2019, reducing-suffering.org/how-many-wild-animals-are-there.
16. Manuela Andreoni, "What About Nature Risk?," *The New York Times*, March 14, 2024, nytimes.com/2024/03/14/climate/what-about-nature-risk.html.
17. Pema Chodron, *The Places That Scare You: A Guide to Fearlessness in Difficult Times* (Boston: Shambhala, 2002), 21.
18. Lesego Chepape, "Living Planet Index: Wildlife Populations Have Declined by 69% Since 1970," *Mail & Guardian*, October 18, 2022, mg.co.za/the-green-guardian/2022-10-18-living-planet-index-wildlife-populations-have-declined-by-69-since-1970.
19. Mustoe, *Wildlife in the Balance*, 58, Kindle.

20. Caitlin Gibson, "The Call of Tokitae," *The Washington Post*, December 5, 2023, washingtonpost.com/lifestyle/interactive/2023/tokitae-lolita-orca.
21. Tyler Austin Harper, "The 100-Year Extinction Panic Is Back, Right on Schedule," *The New York Times*, January 26, 2024, nytimes.com/2024/01/26/opinion/polycrisis-doom-extinction-humanity.html.
22. Báyò Akómoláfé, "Let's Meet at the Crossroads," commencement address to Pacifica Graduate Institute, May 29, 2021, YouTube video, 1:00:17, youtube.com/watch?v=Lh2QmobEMFg, text: pgiaa.org/alumni-resources/12044.

15장. 인식의 전환

1. Jalal al-Din, translated by A. J. Arberry, *Mystical Poems of Rumi*, University of Chicago Press: 2010, Kindle Edition, 191.
2. Priscilla Settee, "Indigenous Knowledge as the Basis for Our Future," in *Original Instructions: Indigenous Teachings for a Sustainable Future*, ed. Melissa K. Nelson (Rochester, VT: Bear & Company, 2008), 45–46, Kindle.
3. Barry Lopez, *The Rediscovery of North America* (New York: Vintage, 1992), 55–57.
4. Petuuche Gilbert, "Acoma Coexistence and Continuance," in *Original Instructions*, 36, Kindle.
5. Oren Lyons, "Listening to Natural Law," in *Original Instructions*, 23–24, Kindle.
6. Stephan Harding, *Animate Earth: Science, Intuition and Gaia* (New York: Chelsea Green, 2006), 40, Kindle.
7. Annie Dillard, *An American Childhood* (London: Canongate, 2016), 102.

탄소라는 세계

초판 1쇄 발행 2025년 9월 8일
초판 2쇄 발행 2025년 10월 22일

지은이 폴 호컨
옮긴이 이한음

발행인 윤승현   단행본사업본부장 신동해
편집장 정다이   책임편집 조승현
디자인 엄혜리   마케팅 최혜진 이은미
국제업무 김은정 김지민   제작 정석훈

브랜드 웅진지식하우스   주소 경기도 파주시 회동길 20
문의전화 031-956-7353(편집) 02-3670-1123(마케팅)
홈페이지 www.wjbooks.co.kr
인스타그램 www.instagram.com/woongjin_readers
페이스북 www.facebook.com/woongjinreaders
블로그 blog.naver.com/wj_booking

발행처 (주)웅진씽크빅
출판신고 1980년 3월 29일 제406-2007-000046호

한국어판 출판권 ⓒ ㈜웅진씽크빅, 2025
ISBN 978-89-01-29689-0 (03430)

웅진지식하우스는 (주)웅진씽크빅 단행본사업본부의 브랜드입니다.
이 책은 저작권법에 따라 보호받는 저작물이므로 무단전재와 무단복제를 금지하며,
이 책 내용의 전부 또는 일부를 이용하려면 반드시 저작권자와 (주)웅진씽크빅의
서면 동의를 받아야 합니다.

• 책값은 뒤표지에 있습니다.
• 잘못된 책은 구입하신 곳에서 바꾸어 드립니다.